RHYFE: DEGWM

Paratowyd y llyfr hwn gan
Broject Defnyddiau ac Adnoddau
Y Swyddfa Gymreig
yn Adran Addysg
Coleg Prifysgol Cymru
Aberystwyth

CYFARWYDDWR
Yr Athro Carl Dodson

SWYDDOGION HANES
Robert M. Morris
John W. Roberts

AWDUR Y LLYFR HWN
Robert M. Morris

Cyhoeddwyd dan nawdd
Cynllun Gwerslyfrau Cyd-bwyllgor Addysg
Cymru

Caerdydd
Gwasg Prifysgol Cymru
1986

Manylion Catalogio Cyhoeddi (CIP) y Llyfrgell Brydeinig

Morris, Robert M.
    Rhyfel y degwm. – (Hanes)
    1. Degwm – Cymru – Hanes - 19eg ganrif
    2. Amaethwyr – Cymru – Hanes - 19eg ganrif
    I. Teitl   II. Project Defnyddiau ac Adnoddau y
    Swyddfa Gymreig.   III. Cyfres
    336.22   HJ2287.G74

ISBN 0-7083-0935-6

CYDNABYDDIAETH

Dymunir diolch i'r canlynol am ganiatâd i atgynhyrchu lluniau ac am eu cymorth:

The Mansel Collection Ltd: 1(B), 13(FF)

Ronald Sheridan's Photo-Library: 1(C), 3(FF)

BBC Hulton Picture Library: 2(CH), 2(DD), 6(E), 13(F),15(H), 17(C), 33(F)

Richard Osborne: 2(E)

Amgueddfa Genedlaethol Warsaw: 3(F)

Anne Mainman: 4(A), 5(B), 5(C), 12(E), 16(B), 25(NG)

Llyfrgell Genedlaethol Cymru: 5(D), 8(NG), 9(L), 14(G), 19(FF), 20(LL), 27(CH)

Prifysgol Reading/University of Reading, Institute of Agricultural History and Museum of English Rural Life: 7(FF), 12(DD)

Gwasanaeth Archifau Gwynedd: 10(A), 22(B), 32(DD)

Amgueddfa Genedlaethol Cymru: 8(H), 11(CH)

The Illustrated London News Picture Library: 14(NG), 18(CH), 25(FF)

Gwasanaeth Archifau Clwyd: 18(DD), 20(L), 21(M), 22(C), 26(A), 27(B), 29(E), 31(A), 31(B)

Amgueddfa Werin Cymru: 19(G), 29(F),

G. Rogers, Llai, Wrecsam: 24(E)

Gwyn Jones, Bryn Gwyn, Llannefydd: 28(DD)

Edward Arnold: caniatâd i sylfaenu diagramau 5(B), 5(C), ar ddiagramau yn S. L. Case, D.J. Hall, *Social and Economic History of Britain* (1700-1976)

Gwasg Prifysgol Cymru: am gynllun gwreiddiol diagram 4(A) o David Fraser, *Yr Amddiffynwyr*

Nodyn am y ffynonellau: mae rhai o'r dyfyniadau a'r ffynonellau gwreiddiol wedi eu talfyrru ac wedi eu rhydd-gyfieithu i'r Gymraeg, yn ôl y gofyn.

CYNNWYS

Cyfieithwyd y Manylion Catalogio Cyhoeddi gan y Cyhoeddwyr

Y CERRIG MILLTIR PWYSICAF

1839   Dechrau Terfysg 'Beca

1847   Adroddiad Addysg *Y Llyfrau Gleision*

1851   Cyfrifiad yn dangos bod nifer Anghydffurfwyr Cymru'n uwch na'r Eglwyswyr

1859   Troi tenantiaid allan o'u ffermydd ar ôl etholiad seneddol; cyfuno'r ddau bapur newydd *Yr Amserau* a *Baner Cymru* i ffurfio *Baner ac Amserau Cymru*

1868   Ethol nifer o aelodau seneddol Rhyddfrydol yng Nghymru — nifer o denantiaid yn cael eu troi allan eto

1869   Dadsefydlu'r Eglwys yn Iwerddon

1875   Dechrau dirwasgiad mewn diwydiant a ffermio ym Mhrydain

1881   Mwy o hawliau tir i ffermwyr Iwerddon

1886   Cais am hunanlywodraeth i Iwerddon; gwrthryfel y crofftwyr yn yr Alban; dechrau Rhyfel y Degwm yng Nghymru — protestiadau Llanarmon (26 Awst), Chwitffordd (20 Rhagfyr), Pen-sarn, Abergele (21 Rhagfyr); ffurfio Cynghrair Gorthrymedigion y Degwm ym mis Medi

1887   Protestiadau Llangwm (27 Mai), Bodfari (11 Mehefin), Llanelwy a Mochdre (16 Mehefin); ymchwiliad John Bridge (Gorffennaf–Awst) ac achos llys Llangwm (Gorffennaf); ffurfio 'Y Cynghrair Tir Cymreig' ym mis Medi

1888   Diwedd achos Llangwm ym mis Chwefror; protest Llannefydd (17 Mai); galw milwyr eto ym mis Mai

1889   Ethol A. G. Edwards yn Esgob Llanelwy

1890   Milwyr yn Nyffryn Clwyd eto ym mis Awst; Esgob Llanelwy yn cynnig newid y gyfraith ddegwm

1891   Deddf y Degwm yn dod i rym ym mis Mawrth

1920   Dadsefydlu'r Eglwys — yr Eglwys yng Nghymru ar wahân i Eglwys Loegr, gydag A. G. Edwards yn Archesgob Cymru

1. DEGWM O DIR

Beth ydy degwm? Mae'r *Geiriadur Mawr* yn dweud mai ystyr y gair ydy 'un rhan o ddeg', neu 'ddeg y cant' (10%) o rywbeth. Ond deg y cant o beth? Yn ôl hen arferiad, deg y cant o gynnyrch y tir — y cnydau, y grawn, y da byw, y llysiau a phob math o gynnyrch fferm oedd degwm. Ond beth a wneid efo'r degwm? Yr ateb yw — ei dalu i'r Eglwys.

Ers oesau maith buasai gan yr Eglwys yr hawl i fynnu deg y cant o gynnyrch pob fferm. Nid rhywbeth a benodid gan yr Eglwys Gristnogol yn unig oedd hyn. Arferai'r Iddewon yn Israel yn nyddiau'r Hen Destament ei gasglu, fel y mae'r adnodau hyn o'r Beibl yn dangos: **A**

A A holl ddegwm y tir, o had y tir ac o ffrwyth y coed,

yr Arglwydd a'u piau: cysegredig i'r Arglwydd yw... A phob degwm eidion, neu ddafad, yr hyn oll a elo o dan y wialen; y degfed fydd cysegredig i'r Arglwydd. Nac edryched pa un ai da ai drwg fydd efe, ac na newidied ef: ond os gan newidio y newidia efe hwnnw, bydded hwnnw a bydded ei gyfnewid ef hefyd yn gysegredig; ni ellir ei ollwng yn rhydd.

(Lefiticus 27:30, 32−33)

Roedd y degwm i barhau am byth, felly — deg y cant o werth, nid yn unig o'r cynnyrch yn llaw'r ffermwr, wrth gwrs, ond hefyd o unrhyw arian a wnâi o werthu ei gynnyrch — 'yr hyn oll a elo o dan y wialen'.

B Israeliaid yn masnachu yn yr Aifft.

C Siarlymaen.

Sut y trefnwyd y taliadau hyn yn yr Eglwys Gristnogol? Yn yr Oesoedd Tywyll yn Ewrop, ar ôl i'r Ymerodraeth Rufeinig gwympo, tyfodd un deyrnas gref o dan ymerawdwr Cristnogol o'r enw Siarlymaen (O.C. 768–814). **C** Ei deyrnas ef oedd y gyntaf i wneud talu'r degwm yn orfodol ar bob math o gynnyrch amaethyddol, gan gynnwys gwin a gwair. Dim ond cynnyrch y ffermwyr oedd yn cael ei gyfrif ar gyfer degwm, yn bennaf am mai dyma'r hyn y sonia'r adnodau yn yr Hen Destament amdano. Rhaid oedd talu'r degwm i eglwys y plwyf. Hi oedd canolfan addoli, bedyddio, priodi a chladdu holl bobl yr ardal.

Yn Lloegr, yn oes y Sacsoniaid, mater o ddewis fu talu'r degwm am hir, ond gwnaeth y Brenin Edgar ef yn orfodol ar holl dir ffermio'r wlad tua mil o flynyddoedd yn ôl. Nid oedd yn beth poblogaidd ymysg ffermwyr, yn arbennig ymysg y **taeogion** tlawd yn yr Oesoedd Canol a oedd yn rhygnu byw ar gynnyrch ambell lain fechan o dir ar gaeau mawr y pentref. **CH** (tudalen 2). Byddai llawer yn grwgnach am y colledion a olygai'r degwm iddynt, ond ar y cyfan roeddynt yn barod i'w dalu, gan fod yr Eglwys mor bwysig yn eu bywydau.

Yng Nghymru, er bod rhai'n grwgnach, mae'n siwr, nid oes olion llawer o gwyno ym marddoniaeth yr Oesoedd Canol. Dyma'r hyn a ddywedai Sion Cent am dalu'r degwm yn y bymthegfed ganrif: **D**

D Awn bob ddau, nid gau gennad,
I eglwys Duw, gloyw ei stad,
A thalwn (pam na thelir?)
Offrwm a degwm o dir

(Rhan o gywydd gan Sion Cent allan o *Cywyddau Iolo Goch ac Eraill*, gol., H. Lewis, T. Roberts ac I. Williams)

CH Trin y tir yn yr Oesoedd Canol.

PWY BIAU'R TIR?

Yn y ganrif ddiwethaf, fel heddiw, lle bynnag yng Nghymru y dymunech fynd, roeddech yn siwr o fod yn troedio ar dir rhywun neu'i gilydd. Nid oes fawr ddim tir yn y wlad i gyd sydd heb berchennog o gwbl. Mae llwybrau cyhoeddus yn y wlad yn croesi tir preifat; perchenogion preifat sydd biau'r mynyddoedd, yr afonydd, y coedwigoedd pîn newydd a'r llwyni derw hynafol. Ychydig flynyddoedd yn ôl eiddo un dyn oedd yr Wyddfa ei hun, ond fe brynwyd y mynydd gan y Swyddfa Gymreig 'ar ran pobl Cymru'. Mae hyd yn oed y palmant yn y stryd yn eiddo naill ai i'r cyngor lleol neu i'r siopwyr sydd â'u siopau yn ymylu arno. A beth am y traeth? Tir preifat yw'r rhan fwyaf o'r arfordir hefyd — eiddo i ystadau preifat, cynghorau lleol, y Weinyddiaeth Amddiffyn neu hyd yn oed y Frenhines.

Mae llun **DD** yn dangos mynaich Sistersaidd yn aredig. Cyn amser Harri VIII (1509–1547) yr Eglwys oedd un o'r tirfeddianwyr mwyaf yng Nghymru a Lloegr. Yr Eglwys, a'r mynachlogydd yn arbennig, oedd piau tua un rhan o dair o holl dir y deyrnas. Unigolion oedd piau'r gweddill — rhai ffermwyr bychain annibynnol, nifer cynyddol o feistri tir cyfoethog efo ystadau eang, a'r brenin, wrth gwrs.

DD Mynaich yn aredig; y Sistersiaid oedd yr urdd fwyaf cyffredin yng Nghymru.

TALU AM Y TIR

Yn ôl hen arferiad, hawliai'r brenin mai ef oedd piau'r cyfan o dir ei wlad, ac mai ef oedd yn rhoi'r hawl i arglwyddi pwysig a ffermwyr annibynnol, i fyw ar y tir a mwynhau ei gynnyrch.

Tâl y brenin am roi'r tir hwn i'w arglwyddi oedd eu gwasanaeth hwy mewn rhyfel. Roedd yn rhaid i bob un o denantiaid y brenin ddod â nifer arbennig o filwyr arfog i fyddin y goron os gelwid amdanynt.

Byddai pob arglwydd yn sicrhau fod ganddo ddigon o filwyr ar gyfer galwad y brenin, a digon o weithwyr i drin ei ystad ei hun, trwy osod rhan o'r tir i farchogion, gyda'r amod o wasanaeth milwrol. Byddent hwythau, yn eu tro, yn cael taeogion i wneud y gwaith caled i gyd ar eu ffermydd, ac i fynd yn filwyr pan fyddai angen. Y cyfan a gâi'r taeogion am eu gwaith oedd ychydig o dir, bwthyn a gardd lysiau. Ond prin oedd yr amser i drin y tir na thyfu llysiau oherwydd yr holl dasgau a wnaent i'r arglwydd. Dengys llun **E** y drefn yn glir.

E Y drefn ffiwdal.

F Y taeog a'r arglwydd.

Rhyw gymysgedd o arian rhent, gwasanaethau a chynnyrch a dalai'r tenantiaid i'r meistri erbyn oes y Tuduriaid. Roedd y taeog **F** wedi darfod o'r tir. Ond roedd yr offeiriaid yn dal i dderbyn y degwm — degwm o'r gwenith, y barlys a'r ceirch a'r gwair a chyfran lai na deg y cant o werth y gwartheg, defaid, gwlân, ieir, llaeth a chaws. Cedwid y nwyddau degwm mewn ysgubor arbennig. Byddai yn agos at yr eglwys a'r ficerdy a gelwid hi'n Ysgubor Ddegwm. **FF**

FF Ysgubor ddegwm Coxwell yn Lloegr.

Yn yr Oesoedd Canol hefyd cynyddodd yr arfer o godi degwm ar gyflogau gweithwyr, ac ar elw dynion busnes ac ati; ond wedi i Harri VIII dorri'r cysylltiad ag Eglwys Rufain diflannodd y math yma o ddegwm. Dim ond ar y tir a'i gynnyrch y codid y degwm o hynny ymlaen — ar ei ffrwyth ac ar y da byw a besgid arno. Pwy bynnag oedd yn dal y tir hwnnw ac yn ei drin oedd yn gyfrifol am dalu'r degwm.

YMARFERION

1. Llenwch y bylchau yn y paragraff canlynol:
   Swm yn cyfateb i_____o gynnyrch y tir oedd y degwm. Ceir sôn am genedl yr _____ yn ei dalu yn y Beibl. Y brenin cyntaf i'w wneud yn orfodol yn Ewrop oedd _____. Tua mil o flynyddoedd yn ôl gwnaeth _____ yr un modd ymysg Sacsoniaid Lloegr. Drwy'r canrifoedd, daeth yr Eglwys yng Nghymru a Lloegr yn berchen ar tua _____ o'r holl dir.

2. Beth oedd barn Sion Cent am dalu'r degwm?

3. Pam nad oedd y degwm yn boblogaidd ymysg y bobl gyffredin yn yr Oesoedd Canol?

4. Gwnewch restr o reolau ynglŷn â thalu'r degwm, fel y byddai'r Iddewon yn eu cadw, yn ôl yr hyn a welsoch yn yr adnodau yn **A**.

5. Pwy biau'r Wyddfa heddiw?

6. Pwy biau rhan helaeth o'r coedwigoedd newydd yng ngwledydd Prydain?

7. Pam nad oedd bywyd taeog yn yr Oesoedd Canol yn un hawdd iawn, yn eich tyb chi?

8. Pa fodd y talai pob un am ei dir yn ôl y drefn ffiwdal?

9. Gwnewch eich copi eich hun o ddarlun **E**. A oedd y taeog yn cael chwarae teg yn ôl y drefn ffiwdal?

10. Roedd llawer o ystadau a phlastai mawr ledled Cymru o oes y Tuduriaid hyd y ganrif hon. Ceisiwch ddod o hyd i enwau rhai o'r plastai a fu yn eich ardal chi, a gwnewch restr ohonynt.

11. Beth oedd y tri chnwd o ŷd y rhoddai pob amaethwr ddegwm ohono i offeiriad plwyf?

2. TENANT A MEISTR, EGLWYS A CHAPEL

Ni fu'r berthynas rhwng tenantiaid a'r meistri tir yn un hapus iawn. Yn aml roedd yr awydd i gynyddu ei diroedd yn mynd yn drech na llawer i feistr tir. Aeth tiroedd y mynachlogydd yn eiddo i dirfeddianwyr, ac yn oes Elisabeth I caewyd llawer o **dir comin** yr hen bentrefi a'i droi yn borfeydd i ddefaid y meistri tir.

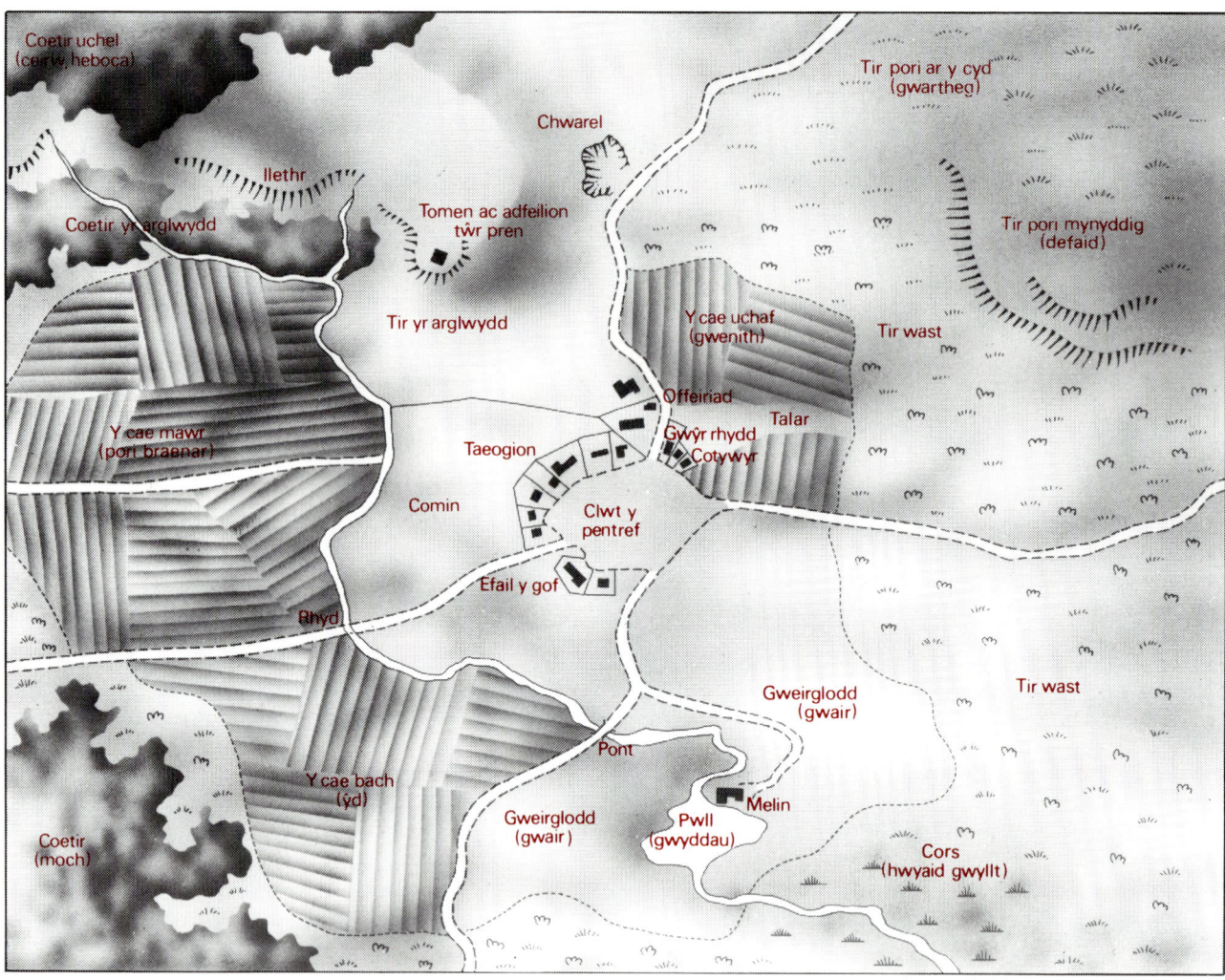

A Patrwm y faenor yn Lloegr ac mewn rhannau o Gymru.

Beth oedd y tir comin? Fe welwch oddi wrth **A** batrwm ffermio yn Lloegr ac mewn rhannau o Gymru o gychwyn y drefn ffiwdal hyd y ddeunawfed ganrif. Nid oedd y patrwm hwn yn gyffredin trwy Gymru am fod y gyfraith dir yng Nghymru yn wahanol i un Lloegr, a pharhaodd rhai gwahaniaethau hyd y Deddfau Uno ym 1536 a 1542.

Rhaid peidio â meddwl nad oedd y tir comin yn eiddo i neb — roedd yn eiddo i arglwydd y **faenor**, pennaeth y pentref drwy'r canrifoedd. Ei gyndeidiau ef a fu'n gofalu am ddiogelwch a chyfraith y pentref, yn yr oes pan oedd y wlad yn wyllt a choediog, gyda dim ond palis o bren yn glawdd o gwmpas y cytiau gwael.

Mewn plasty y trigai'r meistr erbyn y ddeunawfed ganrif ymhell oddi wrth y pentref a'i fythynnod, a fferm a pharc ei faenor wedi eu hamgylchu gan fur uchel o gerrig. Eto i gyd, ef oedd yr ustus heddwch a weinyddai'r gyfraith, ac ef hefyd oedd piau'r comin. Rhannai gyda'i denantiaid yr hawl i bori anifeiliaid yno — defaid a geifr, gan amlaf — ac i ollwng moch i besgi yn y goedwig. **B**

Ond yn y ddeunawfed ganrif bu datblygiadau newydd ym myd ffermio — dulliau newydd o drin y tir a galw mawr am fwy o fwyd wrth i'r boblogaeth dyfu'n gyflym. Dechreuodd y meistri tir foderneiddio'u ffermydd, trwy gael eu tiroedd i gyd yn gaeau cryno, yn hytrach na lleiniau ar wasgar hyd y faenor. Ni ellid magu gwartheg tewion o frid da os cymysgai'r buchod brid â phob math o wartheg eraill ar ddolydd agored. Codwyd cloddiau o gwmpas y porfeydd yn ogystal â'r tir âr. Datblygodd y patrwm y gwelwn ei olion hyd heddiw ar y tir — clytwaith o gaeau amryliw yn yr haf yn ymestyn hyd loriau'r dyffrynnoedd. **C**

Roedd llawer o annhegwch ynglŷn â chau'r tir.

4

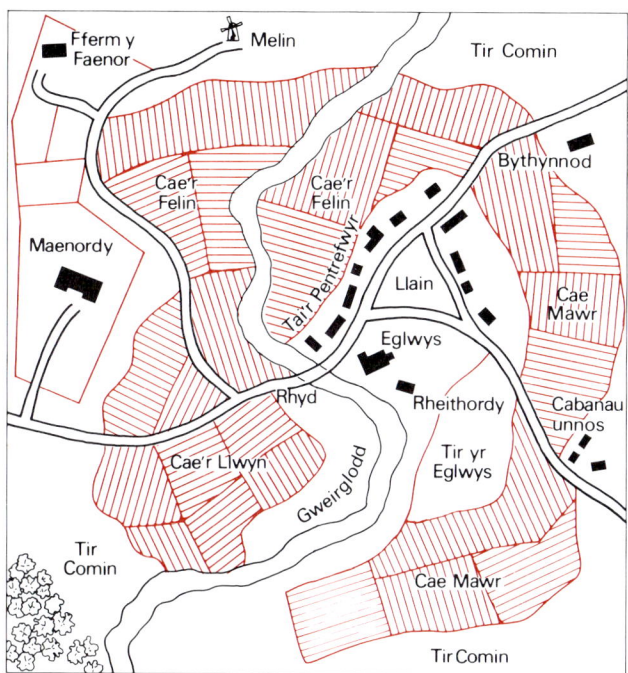

B Cyn cau'r tir.

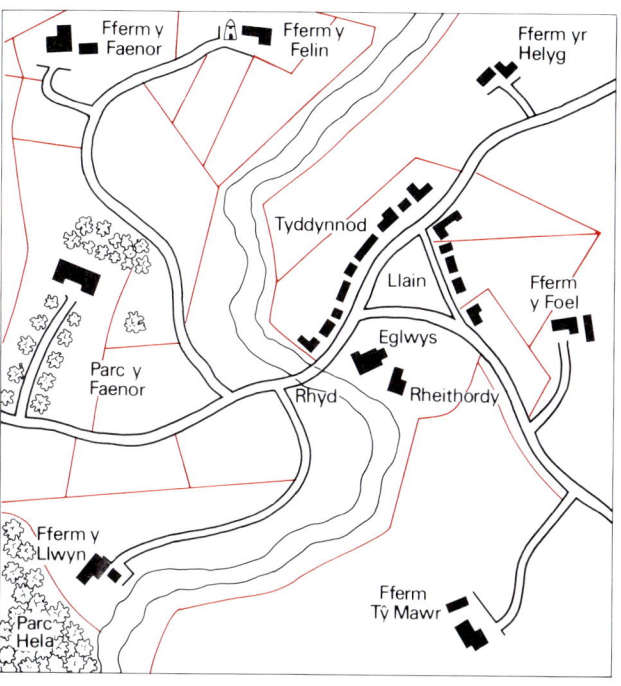

C Wedi cau'r tir.

Gan amlaf cymerai'r meistri y tir gorau iddynt eu hunain wrth ailddosbarthu'r erwau, a chollai'r tenantiaid ddefnydd y tir comin yn gyfan gwbl — defnydd a oedd yn gwbl angenrheidiol i'w hanifeiliaid i gael digon o borfa. Nid dyma'r unig destun drwgdeimlad rhwng tenant a meistr yng Nghymru. Yn wir, cafodd materion eraill fwy o effaith na chau'r tir; ni fu cymaint o gau tir comin o lawer yng Nghymru ag a fu yng nghanolbarth a de Lloegr.

DYFNHAU'R BWLCH

Beth oedd y pethau eraill a wnaeth y bwlch rhwng tenant a meistr yng Nghymru mor enfawr? Dyma rai ohonynt:

(a) Iaith: Ar ôl oes y Tuduriaid, pan ddechreuodd arfer ymysg y meistri tir o anfon eu meibion i ysgolion yn Lloegr i gael addysg, troes y gwŷr bonheddig i siarad Saesneg yn amlach na'r Gymraeg. Erbyn y ganrif ddiwethaf, Saesneg oedd iaith y rhan fwyaf o'r tirfeddianwyr mawr yng Nghymru, a Chymraeg oedd iaith mwyafrif mawr y tenantiaid.

(b) Absenoldeb a Stiwardiaeth: Dechreuodd rhai meistri tir dreulio llawer o'u hamser yn Llundain neu Gaerfaddon, a chanolfannau ffasiynol eraill pobl gefnog eu hoes. Yn eu habsenoldeb gwneid y gwaith o reoli'r ystadau gan stiwardiaid — rheolwyr proffesiynol heb lawer o gydymdeimlad â'r bobl leol. Eu bwriad hwy oedd cael yr ystad i wneud elw da, a thrwy hynny i ddiogelu eu swyddi eu hunain. Gwelir agwedd y ffermwyr bychain tuag at y stiwardiaid yn y dyfyniad hwn: CH

CH Dy Feistr–tir a fydd dy Dduw,
Nid ydwyt wrtho fwy na Dryw;
On'd ar ei Dir yr wyt yn byw?

Addola'r Stiwart tra bych byw,
Delw gerfiedig dy Feistr yw;
Mae Stiwart mawr yn ddarn o Dduw.

Dos tros hwn trwy Dân a Mwg,
Gwylia ei ddigio rhag ofn drwg;
Gwae di byth os deil o ŵg …

Arglwydd wrthyf trugarha,
Os Llonydd genyt ti a ga',
Mi dala'r rhent pan werthwy 'Na.

(Rhan o 'Deg Gorchymyn y Dyn Tlawd', Lewis Morris, dyfynnwyd yn *Cwm Eithin*, Hugh Evans)

D Samuel Roberts, Llanbryn-mair.

Ceir disgrifiad gan un o awduron y ganrif ddiwethaf, Samuel Roberts (S.R.) o Lanbryn-mair, D o'r math o ddylanwad oedd gan y stiward: DD

DD Ym mhen llai na mis ... daeth y stiward i'r gymdogaeth i gasglu ôl-ddyledion; ac anfonodd i erchi am i John Careful (er nad oedd dim ôl-ddyled arno ef) ddyfod i'w gyfarfod ef i'r *Queens Head* erbyn naw o'r gloch bore drannoeth. Brysiodd Mr Careful yno yn brydlon, gan obeithio cael rhyw newydd da, drwy ei fod bob amser wedi gofalu am y rhent i'r diwrnod. Ar ôl disgwyl yn bur hir oddeutu y drws, cafodd ei alw i mewn. Edrychodd y stiward yn llym wgus arno, a dywedodd wrtho, mewn llais cryf, garw, na wnai ef ddim goddef iddo gwyno ar y codiad diweddar [yn y rhent], fel yr oedd wedi gwneud y dydd o'r blaen wrth yr Efail; fod ei rent ef yn bur rhesymol, yn wir, ei bod yn llawer is na rhenti ffermydd cymdogaethol arglwyddi eraill. Nid oedd Ffarmwr Careful wrth gychwyn mor fore tua'r *Queen's Head*; ac wrth chwysu yn ei frys i gyrraedd yno mewn pryd, ac wrth ddisgwyl yno ar ôl hynny nes oeri braidd gormod, — nid oedd ddim wedi dychmygu mai myned yno i gael ei drin a'i athrodi felly yr oedd wedi'r cyfan; ... atebodd mewn geiriau braidd cryfach nag a fyddai yn arfer eu defnyddio ar adegau felly, ei fod ef a'i deulu wedi gwneud eu gorau ym mhob ffordd i drin yn dda ... eu bod wedi gwario, i drefnu a gwella'r ffarm, y cyfan oll o'r chwe chan punt a dderbyniodd ei wraig yn gynhysgaeth ar ôl ei thad; ... ac yn wir nad oedd dim modd iddo ef dalu am y ffarm heb gael cryn ostyngiad. Wrth glywed hyn, dywedodd y stiward yn bur sychlyd wrtho, 'Gwell i chwi ynte roddi'r ffarm i fyny.' 'Yn wir, Syr,' atebai'r tenant, 'rhaid i mi ei rhoddi i fyny os na cheir rhyw gyfnewidiad yn fuan.' 'Hwdiwch ynte,' ebr stiward, 'dyma fi yn rhoddi ichwi *notice* i ymadael Gŵyl Fair.' Ar hyn, gostyngodd y tenant ei ben, ac atebodd mewn llais isel, toredig, y

byddai yn galed iawn i'w deimladau orfod ymadael o hen gartref ei dadau; ei fod ef a'i wraig a'i blant yn eu hamser gorau i drin y ffarm, ac y byddent yn fodlon llafurio ac ymdrechu eto am flwyddyn neu ddwy mewn gobaith am amserau gwell. Ond brys-atebodd y stiward yn bur sarrug, 'Yr wyf yn deall eich bod wedi gwario yn barod yr arian cefn a oedd gennych; gwell ichwi chwilio ar unwaith am ffarm lai: hwdiwch, dyma'r *notice* ichi ymadael; rhaid i mi yn awr fyned at orchwylion eraill, — bore da i chwi.'

(Samuel Roberts, *Cilhaul ac Ysgrifau Eraill*, gol. Iorwerth Peate)

(c) Crefydd: Yng Nghymru, bu newid mawr yn arferion crefyddol y bobl gyffredin rhwng tua 1740 a 1850. Cyn 1740 roedd y mwyafrif mawr yn aelodau digon bodlon o Eglwys Loegr — yr unig Eglwys swyddogol yn y wlad. Disgwylid i bawb fod yn aelodau ohoni ac os na fyddent, collent lawer o'u hawliau fel dinasyddion. O'r ddeunawfed ganrif ymlaen trodd llawer iawn o'r Cymry at fath arall o grefydd — y capeli **Anghydffurfiol**, ac iddynt wasanaethau ac arferion gwahanol iawn i rai'r Eglwys. Ond daliodd y meistri tir gysylltiad clòs â'r offeiriad plwyf ac â'r Eglwys, ac felly dyma agendor arall rhwng y tirfeddiannwr a'i ddenantiaid.

(ch) Hela a Chipera: Fe ddywedwyd o'r blaen nad oedd cau'r tir comin yng Nghymru mor gyffredin ag yn Lloegr. Gadawyd tir uchel yn borfa agored mewn llawer man yng Nghymru. Yna, tua chanol y ganrif ddiwethaf, cafodd y meistri ddefnydd newydd ar gyfer y tir hwn — rhostir, mawnog a chors ydoedd yn aml — heb fawr o obaith ei aredig na thyfu llawer o gnwd arno. Dyma 'erwau crintach yr ychydig gerch' yn ôl R. Williams Parry. Dechreuwyd hela ar y tir yma — saethu grugieir, ffesantod, petris, ysguthanod a hwyaid gwylltion o ran chwarae, i ddilyn ffasiwn pobl fonheddig Lloegr a'r Alban. E

E Saethu adar yn oes Victoria.

6

Dyma ddisgrifiad un offeiriad, y Canon T. Jesse Jones (1850 – 1931), o bwysigrwydd helwriaeth yng nghyffiniau Abergele tua 1860 – 1870: [F]

[F] Prin rhaid dweud wrthych fod helwriaeth yn cael ei warchod yn eiddigeddus mewn blynyddoedd a fu, ac yr oedd yn ffynnu. Roedd gan bob un o'r tai mawr yn y gymdogaeth eu ciperiaid, gwylwyr, dalwyr cwningod ac yn y blaen. [FF]

Roedd y gors yn berwi o 'sguthanod; rhoddai'r bryniau gysgod i gwningod, cuddiai'r llwyni coed y ffesantod a rhoddai'r porfeydd eang, bob yn ail â chaeau'r ŷd a'r **cnydau gwraidd,** ddigon o gyfle a modd i'r petris luosogi a ffynnu. Nid oedd y **cyffylog** a'r **giach** yn ddieithriaid i'r ardal ychwaith, a deuai hwyaid a gwyddau gwylltion yn eu tymor penodedig.

… Hyfryd iawn oedd hyn i gyd, ond roedd yr **helwriaeth** yn demtasiwn fawr a photsiars yn niferus. Gorchwyl hudolus a chyffrous oedd ganddynt, ansicr ei ganlyniadau ac wrth gwrs yn anghyfreithlon, yn dod â helbul i ran eu ffyddloniaid pan gaent eu dal wrth y gwaith.

Landlordiaid a cheidwaid helwriaeth oedd yr ynadon, gyda dim ond un eithriad. Yn eu golwg hwy ni fedrai'r un drosedd fod yn waeth na photsian. Dodid y cosbau trymaf ar y troseddwyr a geid yn euog, a gwae'r potsiar a farnwyd yn euog o botsian rhwng machlud haul a thoriad gwawr. Weithiau, byddai potsiars a chiperiaid yn gwrthdaro mewn brwydr ffyrnig, ac os mai'r olaf a orchfygai, byddai'r potsiars gorchfygedig yn cael eu dwyn i'r carchar lleol — y *lockhouse*, y gelwid ef — i aros eu prawf.

(T. Jesse Jones, *After Many Years*)

Gerbron Comisiwn Brenhinol yn y Bala ym 1893, i archwilio'r berthynas rhwng landlord a thenant, dywedodd Thomas Edward Ellis, aelod seneddol Meirionnydd o 1886 hyd 1899, air o brofiad teuluol am effaith cadw helwriaeth ar denantiaid ffermydd bychain: [G]

[G] Un prynhawn ym mis Chwefror 1867, pan oedd fy nhad i ffwrdd yn Nyffryn Clwyd, rhedodd un o'i ddau gi, tra oedd yng ngofal y gwas a oedd wrthi'n aredig, ar ôl ysgyfarnog, ond heb ei dal. Y noson honno daeth cipar, George Stretton, i'r tŷ ac adroddodd drosedd y ci mewn modd bygythiol. Drannoeth, ar ôl i 'nhad ddychwelyd, gorchmynnwyd iddo fynd â'r ddau gi i'r Rhiwlas. Aed â'r ddau a'u saethu. Ymhen llai na phythefnos dywedwyd yn gyfrinachol wrth fy nhad gan yr unig gipar o Gymro ar yr ystad y byddai'n colli ei fferm, ac os oedd am wneud rhywbeth i osgoi cael ei droi allan rhaid oedd iddo ei wneud yn gyflym. Aeth fy nhad ar unwaith at Mr Schoon, gweinyddwr yr ystad, a dywedodd hwnnw na chlywsai am fwriad i roi rhybudd ymadael iddo, ond roedd sibrydion yn dal ar led. Aeth misoedd o bryder heibio. Ar y cyntaf o Fedi daeth Mr

Price a Mr Woodruff i saethu ar gaeau 'nhad ond ni wnaent hyd yn oed edrych arno. Ar 27 Medi daeth rhybudd i ymadael. Aeth fy nhad ar unwaith at weinyddwr yr ystad i gael gwybod y rheswm. Y rheswm oedd fod y ci wedi erlid yr ysgyfarnog, a bod y ciperiaid wedi dweud fod fy nhad yn difa'r ysgyfarnogod ar ei fferm. Dymunai 'nhad gael ei ddwyn wyneb yn wyneb â'i gyhuddwyr, ond dywedodd y gweinyddwr nad oedd o werth yn y byd iddo fynd yn agos at Mr Price [perchennog stad y Rhiwlas] . Dilynodd wythnosau o bryder ofnadwy, gyda gwaeledd a marwolaeth yn y teulu. Ar ôl llawer o ymdrafod, cynigiwyd y fferm i 'nhad ar rent £10 yn uwch nag o'r blaen. Roedd ei gyfalaf a 12 mlynedd o lafur caled wedi ei glymu wrth y fferm. Roedd ei blant yn ieuanc iawn. Roedd yn caru ei gartref. Roedd y cynnig hwn yn derfynol. Roedd yn rhaid ei dderbyn. Yn ystod y chwe blynedd ar hugain a aeth heibio, talwyd pob ceiniog o'r cynnydd yn y rhent. Mae fy nhad wedi maddau ac y mae am anghofio'r cyfan. Ond ni ellir anghofio'r pethau hyn …

(T. I. Ellis, *Thomas Edward Ellis — Cofiant, Cyfrol 1*)

[FF] Y ciperiaid a'u helwriaeth.

Thomas Edward Ellis, aelod seneddol Meirion a Phrif Chwip y Blaid Ryddfrydol o 1894 hyd 1895.

Fe welwch, felly, fod rhwygiadau dwfn ym mywyd Cymru erbyn y ganrif ddiwethaf, ac yr oedd cefn gwlad yn ymrannu'n ddwy garfan elyniaethus i'w gilydd:

(i) y tirfeddianwyr, eu swyddogion (y rheini yn Eglwyswyr, fel arfer) ac yn aml offeiriaid y plwyf a'r esgobion hefyd, oll yn gytûn ar un ochr.

(ii) tenantiaid ffermydd a'u gweision, siopwyr a chrefftwyr bychain a rannai'r un gymdogaeth â hwy (y rhain bron i gyd yn gapelwyr) yn ogystal â gweinidogion y capeli, oll ar yr ochr arall.

Nid rhyfedd, felly, i ddrwgdeimlad ffrwydro'n agored cyn diwedd y ganrif. Y syndod oedd mai dim ond mewn rhannau o Gymru y digwyddodd hynny.

EGLWYS A CHAPEL

O'r ddeunawfed ganrif ymlaen roedd cymdeithas grefyddol Cymru wedi ei rhwygo. Roedd yna ychydig na fynnent berthyn i Eglwys Loegr cyn y ddeunawfed ganrif, ond caent eu gwawdio a'u cam-drin gan y mwyafrif o bobl. Roedd bod yn Anghydffurfiwr yn gofyn cryn ddewrder, ond erbyn y ganrif ddiwethaf bu newid mawr. Roedd mwy o Anghydffurfwyr (Methodistiaid, Annibynwyr a Bedyddwyr yn bennaf) nag o Eglwyswyr. Eto, roedd y llywodraeth fel pe'n disgwyl i bawb addoli yn yr Eglwys, ac achoswyd trafferthion i bawb nad oedd yn aelodau ohoni. Am flynyddoedd dim ond Eglwyswyr a gâi fynd i brifysgolion Lloegr, bod yn swyddogion yn y fyddin neu'r llynges, bod yn ynadon heddwch neu'n aelodau o wasanaeth sifil y wlad. Mae'n wir bod y rhwystrau yma wedi eu dileu ymhell cyn amser Rhyfel y Degwm, ond roedd drwgdeimlad at yr Eglwys yn dal yn gryf.

Roedd gan bobl y rhyddid i fynychu eglwysi a chapeli eraill, ond nid oedd aelodau **sectau**, fel y gelwid hwy, yn boblogaidd hyd y ganrif ddiwethaf. Mudiad o'r enw Methodistiaeth a fu'n gyfrifol am y newid. Roedd

yn fudiad a roddai bwyslais mawr ar yr unigolyn. Dywedai mai ei gyfrifoldeb ef ei hun oedd byw bywyd da, gonest, gweld ei feiau a'i wendidau a cheisio'u concro ac i geisio drosto'i hun deimlo dylanwad Duw yn llenwi ei feddwl. Gan ei fod yn apelio cymaint at deimladau pobl, cafodd y mudiad effaith fawr ar bobl gyffredin, annysgedig yr oes honno. Er i'r Eglwys sarhau'r Methodistiaid a cheisio cadw'u pregethwyr rhag cael swyddi o fewn yr Eglwys, ymhen canrif roedd mwyafrif pobl Cymru yn perthyn i'r capeli a godwyd yn rhwydwaith o adeiladau mawr a bach ar hyd y wlad. Codwyd addoldai gan y Methodistiaid (ar ôl iddynt wahanu'n gyfan gwbl oddi wrth Eglwys Loegr ym 1811), gan yr Annibynwyr, y Bedyddwyr ac enwadau eraill. Tyfodd y cyfan ar draul Eglwys Loegr.

John Elias, un o arweinwyr y Methodistiaid yn y ganrif ddiwethaf, yn pregethu mewn cymanfa bregethu.

Tyfodd y gwahaniaeth crefyddol yn elyniaeth grefyddol wrth i lawer meistr tir gefnogi ymdrechion y ficer lleol i gychwyn ysgol eglwysig yn y pentref. Er nad oedd gan y Methodistiaid lleol yn aml nac arian na menter i gychwyn ysgol ddyddiol eu hunain yn hanner cyntaf y ganrif, roeddynt yn barod iawn i frwydro yn erbyn ysgol y ficer. Dysgid addysg grefyddol o safbwynt yr Eglwys i'r plant yn yr ysgolion hyn, yn groes i ddymuniad rhieni o gapelwyr.

Dyma'r rheolau i'r athro yn Ysgol Eglwysig, Llanferres tua 1800: I

1. That he constantly attend the school in the summer half-year from the hour of 7 to 11 in the morning and from 1 to 5 in the evening: in the winter half-year from 8 to 11 in the morning and from 1 to 4 in the evening.

2. That he teach them the true spelling of words, make them mind their stops and bring them to read slowly and distinctly.

3. That he makes it his chief business to instruct the children in the principles of the Christian religion, as profess'd in the Church of England and laid down in the Church catechism.

4. That he take particular care of the manners and behaviour of the children; and by all proper methods, discourage and correct the beginnings of Vice; such as lying, swearing, cursing, stealing, taking God's name in vain, profaning the Lord's day …

(Llyfr Cofnodion Ysgol Eglwysig Llanferres)

L Thomas Charles o'r Bala, y gŵr a sefydlodd yr Ysgol Sul yng Nghymru ac a arweiniodd y Methodistiaid allan o Eglwys Loegr ym 1811.

YMARFERION

1. (a) Pwy oedd yr ynad heddwch, fel arfer, erbyn y ddeunawfed ganrif?

(b) Pam roedd cau tir a chodi cloddiau o fantais i ffermio yn y ddeunawfed ganrif?

(c) Pam roedd cau tir yn annheg â'r tenantiaid bychain?

(ch) Gwnewch eich copi eich hun o batrwm y faenor ar ôl cau'r tir.

(d) Beth oedd achosion y bwlch cynyddol rhwng meistr tir a thenantiaid yng Nghymru?

2. Lluniwch sgwrs rhwng Ffarmwr Careful a'r meistr tir ynglŷn â thestun y rhent.

3. Cododd T. E. Ellis y mater y sonnir amdano yn nyfyniad G yn y senedd. Lluniwch araith yn null T. E. Ellis, yn dadlau o blaid newid hawliau meistr ar y tenant.

4. Pa ddwy ochr oedd yn gwrthwynebu ei gilydd yng nghefn gwlad Cymru erbyn ail hanner y ganrif ddiwethaf?

5. (a) Beth yw ystyr y term 'Anghydffurfwyr'?
   (b) Pam roedd Eglwyswyr a Methodistiaid yn ffraeo ynglŷn ag addysg?
   (c) Dychmygwch eich bod yn blentyn mewn ysgol bentref fel un Llanferres tua 1800. Disgrifiwch ddiwrnod yn yr ysgol fel y tybiwch y byddai oddi wrth y rheolau a welsoch yn nyfyniad I.
   (ch) Pwy oedd Thomas Charles, a pha beth pwysig a wnaeth ym 1811?

6. Enwch:
   (a) yr eglwysi yn eich ardal chi;
   (b) y capeli sydd yn eich ardal.
   Ceisiwch ddarganfod pa gyfnod y codwyd hwy.

7. Dewiswch ateb cywir o blith y tri dewis ymhob un o'r brawddegau hyn:
   (a) Perchennog y tir yn yr Oesoedd Canol oedd: offeiriad y plwyf/arglwydd y faenor/stiward yr ystad.
   (b) Ysgrifennwyd 'Ffarmwr Careful' gan: T. Jesse Jones/T. E. Ellis/Samuel Roberts.
   (c) Gelwid pobl a fynnai adael Eglwys Loegr a chodi eu capeli eu hunain yn: ddinasyddion/ helwriaeth/Anghydffurfwyr.
   (ch) Gwnaed cyfraith Lloegr a Chymru yr un fath trwy: Gomisiwn Brenhinol 1893/Deddfau Uno 1536/Deddfau Helwriaeth.
   (d) Roedd capelwyr yn cael eu hatal hyd ddechrau'r ganrif ddiwethaf rhag: dal swyddi'r llywodraeth/cynnal gwasanaethau crefyddol/ gweddïo ar Dduw.

3. ANFODLONRWYDD OES VICTORIA

CYFLWR CEFN GWLAD

Nid y problemau y buoch yn darllen amdanynt yn y ddwy bennod flaenorol oedd yr unig rai i boeni cefn gwlad Cymru ychydig cyn amser Rhyfel y Degwm. Rhaid cofio nad oedd tir amaethyddol rhannau helaeth o Gymru o gystal ansawdd â thiroedd mwy gwastad Lloegr. Tir mynyddig oedd llawer ohono fel y dengys llun A .

A Diwrnod cneifio ar fferm fynyddig.

Ond i ambell sylwebydd ar Gymru roedd y wlad yn orlawn o bopeth da, fel yn y trosiad yma o ddisgrifiad Lladin o'r bedwaredd ganrif ar ddeg: B

B
Er fod maint y wlad hon
Gryn dipyn yn llai na Lloegr,
Eto mae'r pridd cystal
Yn y fam ag yn y ferch.
Mae'n wlad doreithiog ei ffrwythau,
Ei hanifeiliaid a'i physgod;
Yn ddof ac yn wyllt,
Yn wartheg, ceffylau a defaid;
Mae'n fagwrfa addas hefyd
I wair, perlysiau a grawn;
Yn ei chaeau âr, ei dolydd a'i choedydd
Yr ymfalchïa, fel yn ei glaswellt a'i blodau …

Rhydd y bryniau fetalau
A glo o dan groen y tir,
A'r glesni a dŷf hyd y copaon;
Calch, yn ôl rheol crefft
A wna'r tro gyda llechi toi…

Barlys a fwytant yn fara
A cheirch hefyd …

Gwnant **botes** o lysiau
Yn saig cadarn ei flas,
Ymenyn, llaeth a chaws
Yn hirsgwar a thrionglog …

> (R. Higden, 'De Cambria Sive Wallia', *Polychronicon*)

Dyma ddisgrifiad o swper cynhaeaf cefn gwlad rywdro rhwng 1840 ac 1850, gan ŵr o Langernyw a fu'n grwydryn, yn athro, ac yn offeiriad, heb sôn am y cyfnod y bu'n teithio hyd baith gwyllt Awstralia. Ei enw oedd Robert Roberts (1843–1885) neu'r 'Sgolor Mawr' fel y gelwid ef. Mae'n debyg iddo ysgrifennu ei hunangofiant manwl tra oedd yn alltud yn Awstralia: C

C Ac yn awr mae'r cinio, neu'r swper yn hytrach, gan ei bod eisoes yn fachlud, yn barod. … Cymer Pegi gorn tun hir i'r iard gefn, chwythu caniad mawr arno, a daw gweithwyr y cynhaeaf yn araf at y tŷ…

Ac yn awr, a ninnau wedi ymgynnull ar gyfer ein swper cynhaeaf, fe welwch mai peth digon di-nod ydyw. Nid oedd gorchest fawr o eidion bras a chwrw cryf, fel sydd yn destun balchder adegau'r cynhaeaf yn Lloegr Lon. Nid oedd ein daear ni'n ffafriol i fagu gwartheg tewion; nid oedd yr anifail druan, a leddid yn flynyddol yn yr Hafod i'w fwyta yn ystod y gaeaf, yn deilwng o'i arddangos mewn sioe amaethyddol …

Addurnwyd y bwrdd hir o'n blaenau â dwy res hir o ddysglau pridd brown, pob un yn cynnwys cyflenwad o fara haidd wedi ei dorri'n ddarnau mewn llaeth enwyn cynnes. Ceir sgwrsio am y bwydydd cyn dyfod y pryd mwy sylweddol i ddilyn, tamaid mawr o gig eidion coch wedi ei halltu, ynghyd â phlataid anferth o datws, a hefyd, gan fod hwn yn ddiwrnod mawr, ddarnau o borc a gadwyd ar ôl lladd mochyn y gaeaf, yn ddiweddar. Torth haidd ddu wedi ei lefeinio a ddefnyddiwn fel arfer, ond heddiw cawn ein ffafrio â math gwell — haidd a gwenith yn gymysg. Cawn ddigonedd o deisennau ceirch — tafelli mawr, cras, y bydd fy mam yn ymfalchïo yn eu gwneud, ac a roesant fri mawr iddi drwy'r cwm. Pwdin reis plaen a thwmplen afalau sy'n cloi rhestr y bwydydd, ac i yfed nid oes dim cryfach na glasdwr — llaeth enwyn a dŵr yn gymysgedd pur gyfartal.

> (*The Life and Opinions of Robert Roberts, a Wandering Scholar*, gol. J. H. Davies)

Darlun o gegin Gymreig gan Thomas Rowlandson.

DIRWASGIAD AMAETHYDDOL

Ar ôl cyfnod llewyrchus ar brisiau cynnyrch fferm o tua 1850 hyd 1875 daeth dirwasgiad difrifol — llai o alw am y cynnyrch ac felly y prisiau yn isel. Pam y digwyddodd hyn? Nid am fod pobl yn gyffredinol yn dewis bwyta llai, yn sicr! Roedd poblogaeth y wlad yn dal i dyfu'n gyflym, a'r galw am fwyd yn cynyddu hefyd. Mae'n wir fod y dirwasgiad wedi gwneud llawer o weithwyr diwydiannol yn ddi-waith, a gorfu i'w teuluoedd hwy gynilo ar bob gwario, fel y gwnâi teuluoedd lle cwtogwyd y cyflogau. Mewn sefyllfa fel hon, bara oedd y peth olaf y byddai teulu tlawd yn cynilo arno, ac felly rhaid chwilio am reswm arall am gwymp prisiau ŷd ym Mhrydain. Y rheswm pennaf oedd y gellid cael bwyd rhatach o wledydd eraill nag oddi ar ffermydd Prydain. Fe welwch oddi wrth y tabl fel yr aeth prisiau **cnydau grawn** i lawr yn yr wythdegau a'r nawdegau: D

Roedd nifer o resymau am y newid hwn:

(a)   Dechreuodd ŷd o eangderau Unol Daleithiau America a Chanada gael ei fewnforio. Gan fod ffermydd y gwledydd hynny yn cynhyrchu cymaint, roedd yn rhatach nag unrhyw ŷd Ewropeaidd. Cyn hynny dim ond ŷd o Rwsia a Gwlad Pwyl a fewnforid i Brydain, ac nid oedd hwnnw cyn rhated o ddigon ag ŷd yr Unol Daleithiau. Ni fedrai ffermwyr Prydain gystadlu.

(b)   Bu nifer o gynaeafau gwael iawn ym Mhrydain ar ôl 1878. Fel arfer effaith hyn fyddai gyrru pris ŷd i fyny, oherwydd y prinder; ond erbyn hyn roedd

Blwyddyn	Gwenith		Barlys		Ceirch	
	s	d	s	d	s	d
1866	11	8	10	6	8	10
1867	15	0	11	2	9	4
1868	14	11	12	0	10	1
1869	11	3	11	0	9	4
1870	10	11	9	8	8	2
1871	13	3	10	2	9	0
1872	13	4	10	5	8	4
1873	13	8	11	4	9	1
1874	13	0	12	7	10	4
1875	10	6	10	9	10	3
1876	10	9	9	10	9	5
1877	13	3	11	1	9	4
1878	10	10	11	3	8	9
1879	10	3	9	6	7	10
1880	10	4	9	3	8	3
1881	10	7	8	11	7	10
1882	10	6	8	9	7	10
1883	9	8	8	11	7	8
1884	8	4	8	7	7	3
1885	7	8	8	5	7	5
1886	7	3	7	5	6	10
1887	7	7	7	1	5	10
1888	7	5	7	10	6	0
1889	6	11	7	3	6	4
1890	7	5	8	0	6	8
1891	8	8	7	11	7	2
1892	7	1	7	4	7	1
1893	6	2	7	2	6	9
1894	5	4	6	10	6	2
1895	5	5	6	2	5	2

D Tabl prisiau ŷd. Dyma'r pris am gant o ŷd (ychydig dros 50 kg).

cynnyrch arall, rhad wrth law i lenwi'r bwlch — ŷd o Unol Daleithiau America. Felly roedd gan ffermwyr Prydain lai o ŷd i'w werthu, a hynny am bris llai. Cafodd Cymru gyfnod pur galed, gan fod ansawdd ei chnydau hi fel arfer yn salach na chynnyrch de Lloegr, a byddai'r pris ar y farchnad agored yn llai na phrisiau Lloegr hefyd. Y prisiau a ddangosir yn y tabl yw'r prisiau cyffredin yn Lloegr. Honnai'r ffermwyr amser Rhyfel y Degwm fod y prisiau a dderbynient hwy yng Nghymru yn is na'r rhain, fel arfer.

GWLEIDYDDIAETH RADICALAIDD

Erbyn cyfnod Rhyfel y Degwm roedd ffermwyr Cymru yn cymryd cryn ddiddordeb mewn gwleidyddiaeth. Roedd hyn yn beth newydd. Cyn 1832, ychydig iawn o ffermwyr oedd yn cael pleidleisio mewn **etholiadau** o gwbl, ond wedi hynny, ac yn arbennig ar ôl 1867 cafodd y mwyafrif ohonynt bleidlais, ynghyd â llawer o weithwyr heb eu tir eu hunain hefyd. DD

DD Gweithwyr fferm yn y ganrif ddiwethaf.

Roedd yr **enwadau** Anghydffurfiol wedi bod yn galw am fwy o hawliau iddynt hwy eu hunain ers pedwardegau'r ganrif, ac yr oedd y ffermwyr bychain yn ymateb i'r galw hwnnw. Dyma'r adeg pan oedd **y wasg** yn cynhyrchu nifer fawr o gylchgronau a phapurau newydd Cymraeg, a llawer ohonynt yn trafod gwleidyddiaeth ac yn galw am newidiadau. Roedd gan bob enwad crefyddol ei gylchgrawn ei hun, a chaent eu dosbarthu drwy'r capeli yn gyson.

Yn y papurau hyn ceir sôn am achosion o anghyfiawnder ym Mhrydain a thrwy'r byd: gormes ar bobl Gwlad Pwyl gan y Rwsiaid, ar bobl Hwngari a'r Eidal gan Awstria, ar Gristionogion dwyrain Ewrop gan y Twrciaid. Sonnid am gam-drin plant a phobl ieuanc yn y ffatrïoedd a'r pyllau glo, lle gweithient oriau meithion am gyflogau bychain. Yn wir, y cyhoeddusrwydd a gafodd achosion o'r fath a fu'n gyfrifol am wneud i'r llywodraeth wahardd llafur plant mewn llawer

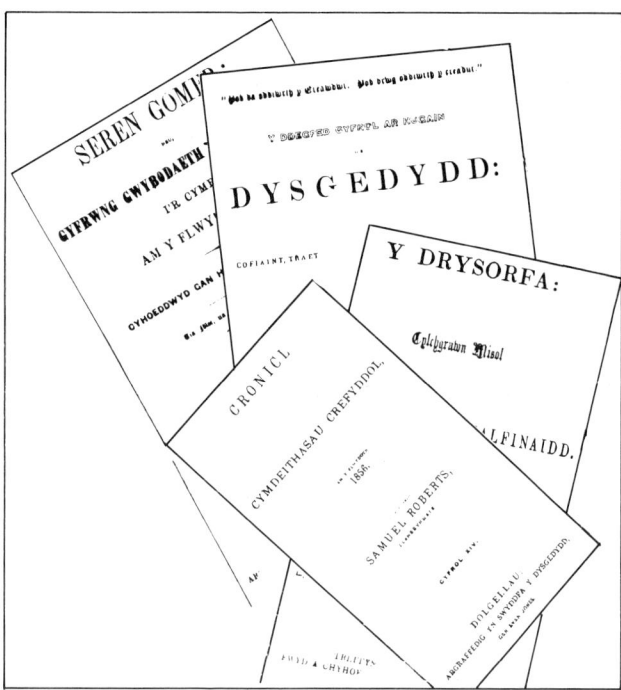

E Wynebddalen rhai o bapurau enwadol y ganrif ddiwethaf.

diwydiant ym mhedwar a phumdegau'r ganrif ddiwethaf. Yn y colofnau newyddion tramor ceir pregethu ffyrnig yn erbyn **caethwasiaeth** yn Unol Daleithiau America, a phan oedd y Rhyfel Cartref yno o 1861 i 1865, taranai'r papurau Cymreig o blaid Abraham Lincoln a'r syniad o ryddid y safai ef drosto.

Daeth pobl cefn gwlad yn fwy ymwybodol o faterion oddi allan i'w bröydd tawel eu hunain. Cododd ambell i bwnc storm wleidyddol yng Nghymru, a chryfhaodd yr undod rhwng y ffermwyr, y capeli a'r gwleidyddion hynny a ddymunent weld newid. Gelwid hwy'n **Rhyddfrydwyr**. Roedd trindod o grwpiau wedi uno, felly, — y ffermwyr, y capeli a'r Rhyddfrydwyr. Wrth ddweud hyn, rhaid peidio â meddwl mai pobl wahanol oedd yn perthyn i'r tri grŵp — yn aml caech ffermwr oedd yn gapelwr ac yn Rhyddfrydwr.

Bu ffraeo ynglŷn â'r Eglwys — dymunai llawer o gapelwyr weled rhai o **freintiau'r** Eglwys yn cael eu dileu. Cododd awydd mawr hefyd i ddatblygu addysg yng Nghymru; cynddeiriogwyd llawer o bobl gan adroddiad swyddogol y *Llyfrau Gleision* ym 1847 a feirniadai safon addysg yn y wlad, gan ddweud pethau hallt iawn am y capeli. Byth oddi ar hynny gelwid am fwy a gwell cyfleusterau addysg i blant cyffredin — plant y ffermydd, y siopwyr bychain, y crefftwyr a'r gweithwyr. Bu galw mawr am newid telerau i'r tenantiaid ddal tir a dileu annhegwch a fodolai.

Ym 1868 bu cynnwrf mawr pan etholwyd nifer o aelodau seneddol Rhyddfrydol o Gymru, a hynny yn nannedd gwrthwynebiad ffyrnig gan y meistri tir Torïaidd. Bu **troi allan** ar denantiaid, am bleidleisio'n groes i ddymuniad y meistr, ac aeth ias o arswyd trwy Gymru wrth glywed y sôn. F

F Troi allan ar fferm yn Iwerddon.

Dyma gefndir, felly, i ymdrech gan ffermwyr o gapelwyr, Rhyddfrydol eu syniadau, i gael eu ffordd eu hunain ar fater a oedd o bwys personol iddynt. Roedd yn y Senedd bellach wŷr a fyddai'n siarad ar eu rhan; roedd papur newydd fel *Baner ac Amserau Cymru*, o eiddo Thomas Gee, yn lledaenu eu hanes drwy'r wlad. Yr oedd hefyd enghreifftiau pendant, yn fyw yn y côf, o ffermwyr bychain yn ymladd am eu hawliau.

Nifer o weithiau yn y deugain mlynedd cyn Rhyfel y Degwm yng Nghymru bu gwrthdaro rhwng ffermwyr a'r awdurdodau, a'r awdurdodau yn gorfod ildio i bwysau'r protestwyr. Un achos o'r fath oedd Terfysg 'Beca (1839 – 1844) pan fu grwpiau o bobl yn Nyfed a rhannau o Forgannwg yn protestio bod gormod o dollbyrth yno. (Clwydi oedd y rhain lle codid tâl am ddefnyddio'r ffordd). Nid dyma'r unig gŵyn; roedd amodau truenus y **wyrcws** a thaliadau uchel y degwm ymysg cwynion 'Beca. Maluriwyd llu o dollbyrth liw nos, a chafodd y terfysg sylw mawr cyn i'r llywodraeth gyfyngu ar nifer y clwydi y gellid eu codi ym 1844. **FF**

Wedyn bu protestio yn erbyn y Dreth Eglwys — treth a hawliai'r Eglwys gan drigolion y plwyf — hyd yn oed y rhai oedd yn gapelwyr. Rhwng 1852–1854 bu protestio yn Ninbych a'r cylch o dan arweiniad Thomas Gee, cyhoeddwr ac argraffydd yn y dref. **G**

FF Terfysg 'Beca.

Gwrthododd nifer o gapelwyr amlwg, a Gee yn eu plith, dalu'r dreth, a daeth **beiliaid** i gymryd eiddo o'u cartrefi a gwerthu hwnnw i gael yr arian i'r Eglwys. Cafodd rhai gwrthdystwyr eu hanfon i'r carchar am geisio rhwystro'r beiliaid yn eu gwaith.

G Thomas Gee (1815–1898).

Yn y diwedd rhoes ficer a wardeniaid yr eglwys yn Ninbych y gorau i'w hymdrech ar ôl y stŵr mawr a fu, ond bu'n rhaid aros hyd 1868 cyn i'r Dreth Eglwys gael ei dileu drwy'r wlad.

O 1867 ymlaen bu tyddynwyr Iwerddon yn gwrthryfela yn erbyn hawliau'r Eglwys yn eu gwlad, gan ymosod yn waedlyd ar bobl ac eiddo. **NG** Ym 1869 pasiwyd deddf yn **dadsefydlu** Eglwys Loegr yn Iwerddon — hynny yw, fe'i gwnaed yn Eglwys rydd, yn dibynnu ar roddion ei haelodau i'w chynnal, a heb hawl i godi treth na degwm ar y cyhoedd, na pherthynas o gwbl â'r llywodraeth.

Cododd terfysg yn yr Alban tua chanol yr wythdegau ymysg y crofftwyr — tyddynwyr tlawd iawn yn byw yn ucheldir anghysbell, grugog y wlad. Roedd arglwyddi ystadau anferth yr Alban yn eu camdrin hwy yn waeth o lawer nag unrhyw annhegwch a geid yng Nghymru, ac ym 1886 pasiwyd deddf yn diogelu hawl y crofftwyr i'w tyddynnod. **H**

Mae'n amlwg, felly, fod ffermwyr a chapelwyr yng Nghymru yn deall erbyn yr wythdegau nad trwy ddioddef anghyfiawnder yn dawel yr oedd sicrhau gwell amodau. O gofio hyn, nid yw digwyddiadau Rhyfel y Degwm, na'r ffaith iddo gychwyn o gwbl, yn syndod mawr.

NG Tyddynnwr yn Iwerddon yn gwrthwynebu cael ei droi allan.

H Gwrthryfel y crofftwyr yn yr Alban.

YMARFERION

1. Yn nyfyniad **B** ceir cyfeiriad at gynhyrchion Cymreig a ddaeth yn ddiwydiannau pwysig iawn ymhen rhai canrifoedd. Nodwch eu henwau.

2. Gwnewch ddarlun o'r olygfa o gwmpas y bwrdd yn ystod swper y cynhaeaf, gyda'r holl bethau y cyfeirir atynt yn nyfyniad **C** wedi eu cynnwys yn y llun.

3. Pam roedd hi'n gyfnod o gyni ar ffermwyr Prydain ar ôl tua 1875?

4. Gwnewch restr o'r pethau a wnaeth i bobl yng Nghymru alw am newidiadau gan y llywodraeth ar ôl tua 1840.

5. Pwy oedd y tri grŵp a fynnai newid amgylchiadau annheg yng Nghymru wledig?

6. Llenwch y bylchau yn y paragraff hwn:
   Roedd y wasg yn bwysig iawn yng Nghymru yn oes Victoria. Un o'r papurau mwyaf poblogaidd yn y Gymraeg oedd _____ o eiddo Thomas Gee. Soniai'r papurau am y modd y camdrinid pobl _____ gan Rwsia, a Christionogion dwyrain Ewrop gan y _____. Cefnogent y rhai a frwydrai dros ryddid yn Rhyfel Cartref America, dan arweiniad _____. Yng Nghymru rhoddent sylw i ddadl yr aelod seneddol _____, a ddisgrifodd y modd y bu'n agos i'w dad golli ei fferm ym 1867.

7. Gwnewch restr o'r grwpiau y soniwyd amdanynt yn y bennod hon sef y grwpiau a oedd yn protestio yn erbyn y pethau oedd yn atgas ganddynt. Nodwch y pethau oedd yn debyg yn eu cwynion.

4. DECHRAU'R RHYFEL

Erbyn y ganrif ddiwethaf, nid mewn cynnyrch fferm y telid y degwm mwyach. Roedd y taliadau a welwch yn nogfen **A** o ardal Wrecsam, rywdro ar ôl 1650, wedi hen ddarfod. Ym 1836 pasiwyd Deddf Cyfnewid y Degwm; yn lle talu degwm o gynnyrch, disgwylid i ffermwyr bellach dalu'r swm mewn arian. Roedd y drefn yma'n llawer mwy atgas na'r hen ddegwm, fel y gwelwn maes o law.

Dyma sut y gweithiai'r dull newydd. Yn hytrach na chael yr offeiriad yn casglu deg y cant o gynnyrch pob fferm, ar ôl 1836 byddai pob ffermwr yn rhoi tâl pendant wedi ei seilio ar y rhent a dalai am ei dir, gwerth ei gynnyrch a phrisiau arferol gwenith, barlys a cheirch. Fe benderfynnid y tâl ar bob fferm gan ei pherchennog, sef y meistr tir, a'r offeiriad, trwy gytundeb â'i gilydd. Yna, byddai'r tenantiaid yn talu'r degwm ar eu ffermydd eu hunain, a'r meistr tir yn gostwng eu rhenti i gyfateb i'r taliad degwm. Nodid pob cae ar fap manwl a rhestrid cynnyrch a thaliad degwm gwreiddiol pob cae ar ddogfen a luniid gan swyddog neu gomisiynydd.

Wrth gwrs, roedd pris ŷd yn amrywio o flwyddyn i flwyddyn yn ôl ansawdd y cynhaeaf, gan amlaf. Rhag ofn i'r degwm fod yn afresymol o uchel neu isel ar un flwyddyn arbennig, edrychid ar brisiau ŷd yn ystod y saith mlynedd blaenorol ac yna gweithio'r pris ar gyfartaledd a defnyddio hwnnw i bennu'r tâl degwm.

Mae hyn oll yn edrych yn bur deg; ond roedd problemau mawr wrth weithredu'r cynllun. Yn gyntaf, gallai prisiau ŷd godi yn gyson am gyfnod hir, ac felly byddai'r tâl degwm yn gymharol isel, am ei fod wedi ei seilio ar brisiau is y blynyddoedd cynt. Yn yr un modd, os disgynnai prisiau am gyfnod hir deuai'r degwm yn annioddefol o uchel, am ei fod wedi ei bennu yn ôl y prisiau uwch mewn blynyddoedd cynt. Wrth gwrs, fel y gwelsoch o'r tabl ar dudalen 11, i lawr yr aeth y prisiau drwy'r wythdegau; felly roedd y degwm yn faich

aruthrol ar y ffermwyr. Mae map a thabl **B** yn dangos dosbarthiad degwm plwyf Llannefydd, Clwyd ym 1841.

A **The Severall mannors of Valla Crucis Rent Roll.**

The rule & Custome of gathering ye small Tyeth of the three parishes of Wrexham, Ruabon and Llangollen & the Division Between the Lord of the Manno' & the viccars of ye sev' all Parishes.
Wrexham. ffirst of all they gather the tyeth Eggs Whereof the Lord is to have 3 pts & the Viccar the fourth pt & the time of gathering them is abt ye 23th of March yearly but alwayes a fortnight before Easter. About wch time they make ye Easter book of the Easter dueties the viccar is to have a peny out of evy duety. Y^e rest is to be divided into 4 pts whereof the Lord is to have 3 pts of 4 & the viccar is to have ye 4th. Of ye Tyeth lambs, wool & lactualls Kidds They are to be divided into 6 pts. Whereof the Lord is to have 5 pts & the Viccar one. To be gathered abt ye 28th of May yearly. Tyeth Geese, fflax, hemp & honey are to be divided into 4 pts. Whereof ye Lord is to have 3 pts & the Viccar ye 4th pt^e & to be gathered before Michas. The Tyeth piggs of Havod y Booth & Esclusham uwch y Clawdd, Esclusham Is y Clawdd, Minera, Brymbo, Slansty, Acton, both Abunburies, Gowrton, Byston, Bwras Hoofa Wrexham Regis.
Ruabon p. The Tyeth Eggs there is to be gathered y^e same time, with Wrexham & divided After y^e same maner.

(Rhan o hen ddogfen ddegwm o gylch Wrecsam)

Meistr Tir	Tenant	Rhif Cae	Ffern	Cynnyrch Cae	Maint Cae			Swm Degwm		
					a.	r.	p.	£.	s.	d.
Arglwydd Dinorben	Edward Lloyd	546	Berain	porfa	14	1	14	2	14	10
		547		hen borfa	4	3	2		9	0
		548		porfa	7	0	29	1	4	6
		549		hen borfa	8	0	6		17	0
		550		porfa	3	2	3		9	6
		551		porfa	5	2	39		17	4
Arglwydd Dinorben	Ann Evans	552	Pentre Du Isa	porfa	3	1	35		14	8
		553		meillion/ gwair	3	2	16		16	2
		554		barlys	3	2	9		15	8
		555		porfa	3	1	1		9	0
		564		porfa	1	0	4			11
		565		barlys	7	1	3	1	5	6
		566		hen borfa	6	2	15		12	1
		568		hen borfa/ coed	11	1	20		6	8
		569		porfa	3	0	1		7	9
		570		tatws	4	2	32		15	9
		571		gwenith	3	0	25		9	0
		572		gwenith	5	1	17		17	0

B Rhan o ddogfen neu ddosbarthiad degwm.

Hen fesuriadau arwynebedd y tir a geir yng ngholofn 6 tabl **B**. Saif 'a' am acer neu erw, 'r' am rwd a 'p' am perc. Dyma'r mesuriadau metrig cyfatebol:

1 acer = 0.405 hectar
1 rwd = 1,011 metr sgwâr
1 perc sgwâr = 25.29 metr sgwâr

Mae colofn 7 yn rhoi'r tâl degwm mewn £.s.d. Dyma'r dull o gyfrif arian hyd at 1971. Roedd 240 hen geiniog (d) mewn punt; 12d yn gyfwerth â swllt (s) ac 20 swllt yn gyfwerth â phunt.

Yn ystod y blynyddoedd caled o ddirwasgiad amaethyddol, cytunodd llawer o feistri tir i godi llai o rent, am fod cyni difrifol ymysg tenantiaid. Oherwydd hyn, daeth llawer o bobl i deimlo y dylai'r Eglwys fod yr un mor barod i dderbyn llai o ddegwm. I fwyafrif ffermwyr Cymru, a oedd yn gapelwyr gan mwyaf, nid oedd synnwyr yn y ffaith fod yr Eglwys yn hawlio degwm o gwbl. Nid eu Heglwys hwy oedd hi, dadleuai'r capelwyr. Roeddynt yn cyfrannu tuag at gynnal eu capeli a'u gweinidogion eu hunain yn barod. Pam y gorfodid hwy i roi arian i eglwys nad oeddynt byth yn ei mynychu?

Roedd swm y degwm a delid gan ffermwyr Lloegr yn aml yn llawer mwy na degwm y Cymry, am fod eu tir yn cynhyrchu mwy, ond ni fu cymaint o wrthryfel yno er bod rhai ffermwyr yno yn protestio ar adegau fel y dengys llun **C** .

C Dyma lun o gwrdd protest amaethyddol ar ddiwedd y ganrif ddiwethaf. Golygfa fel hon a welid ym mhrotestiadau cynnar Rhyfel y Degwm.

Roedd mwyafrif helaeth ffermwyr Lloegr yn aelodau selog o Eglwys Loegr, ac er bod y degwm yn faich arnynt, daliai'r rhan fwyaf i'w dalu o barch i'r Eglwys. Yng Nghymru bu'r degwm yn destun helynt hyd yn oed lle roedd dealltwriaeth bersonol rhwng y ffermwyr a'r offeiriad plwyf, oherwydd mewn rhai plwyfi nid i'r Eglwys yr oedd yr arian yn mynd.

Roedd y degwm weithiau yn eiddo i bobl heblaw offeiriaid y plwyf. Er enghraifft, lle'r oedd tirfeddiannwr cefnog ryw oes wedi talu am godi eglwys ar ei dir, a thalu cyflog i'r offeiriad, roedd ganddo ef a'i deulu ar ei ôl yr hawl i godi degwm ar holl dir y plwyf. Mewn rhai achosion roedd meistri tir wedi prynu tir yn perthyn i hen fynachlogydd, ac yr oedd y degwm yr arferid ei dalu i'r mynaich bellach yn mynd i'r sgweiar. Peth arall pur gyffredin oedd i deulu cefnog, oedd wedi sefydlu eglwys a derbyn degwm gan y plwyf, roddi rhan o'r degwm i ysgol neu goleg. Roedd Coleg Eglwys Crist, yn Rhydychen, yn derbyn cryn dipyn o arian degwm o Gymru. Roedd perchenogion degwm o'r math yma yn llawer llai parod i ddod i gytundeb â'r ffermwyr a'r offeiriad lleol.

Cartŵn o'r ganrif ddiwethaf o offeiriad y plwyf.

Y CYNNWRF CYNTAF

Yng Nglwyd, yn yr hen sir Ddinbych, y cychwynnodd Rhyfel y Degwm ym 1886, ac yno y bu'r rhan fwyaf o'r cyffro. Eto i gyd, ymledodd yn fuan iawn i Faldwyn, ac i siroedd Aberteifi, Caerfyrddin, Caernarfon a Phenfro. Dechreuwyd y protestio ar ôl i ffermwyr ym mhlwyf Llandyrnog fynnu gostyngiad yn eu degwm, a chyn bo hir roedd ffermwyr y plwyfi cyfagos yn gwneud yr un modd.

Fe welwyd yn yr **arwerthiant degwm** cyntaf, yn Llanarmon-yn-Iâl, y patrwm a welid yn gyson yn y rhan fwyaf o'r protestiadau. Pwrpas yr arwerthiant, wrth gwrs, oedd cael arian i dalu'r degwm trwy werthu eiddo'r ffermwr yn orfodol. Dyma ddisgrifiad o'r digwyddiad y diwrnod hwnnw, yng ngeiriau un o bapurau newydd Lloegr: **D**

D Yn Llanarmon ddoe cyhoeddwyd arwerthiant degwm a daeth llu o ffermwyr yno. Nid oedd arwerthwr yn bresennol, ac aeth y beiliaid ymaith. Llywyddodd Mr John Parry, Plas Llanarmon, gyfarfod cyhoeddus i brotestio yn erbyn gweithred y Ficer. Pasiwyd dau gynnig yn condemnio'r Ficer, ac yn rhwymo'r ffermwyr i ddefnyddio pob modd cyfreithlon i sicrhau gostyngiad yn y degymau. Yn ystod y cyfarfod daeth gorymdaith o losgwyr calch o Minera gan chwifio ffyn. Cawsant gymeradwyaeth gan y dorf, ond cynghorodd yr arweinyddion heddwch a gwrthwynebiad digyffro. Ychydig funudau wedyn cyrhaeddodd cerbyd o Rhuthun yn cludo'r Ficer, clerc y cyfreithiwr a dau feili. Arhosodd y cerbyd yn y ffordd, a cherddodd y clerc drwy'r dyrfa i dŷ Mr Beech ... Wrth i'r clerc fynd i mewn i fuarth y fferm trawodd un o'r **mwynwyr** ef â ffon a disgynnodd, ond cododd yn syth a rhuthrodd i dŷ Mr Beech. Dechreuodd helfa go iawn wedyn. Rhedodd tua 40 o bobl ar ôl y cerbyd a'r ddau feili. Gyrrodd y gyrrwr y ceffyl ar garlam, gyda dynion ar ei ôl yn gweiddi cymeradwyaeth ac yn chwifio ffyn. Taflodd y ceffyl wedyn, gan fwrw un beili i'r llawr. Ymosodwyd arno â'r ffyn, ei guro o gwmpas ei ben a'i adael ymron yn farw. Lluchiwyd cerrig at y lleill. Dihangodd y gyrrwr ar hyd ffordd Wrecsam gyda'r dyn claf yn gorwedd yng ngwaelod y trap. Dychwelodd y mwynwyr i'r cyfarfod lle cydymdeimlai llawer â hwy. Arhosodd y clerc yn nhŷ Mr Beech, a chafodd ei hebrwng adref gan y Pwyllgor yn ddiweddarach.

(*The Standard*, 24 Awst 1886)

DD Heddlu Sir Ddinbych tua 1900. Roedd gan bob sir ei heddlu ei hun yr adeg honno.

Tua'r un pryd dechreuodd protestiadau yn y De hefyd, a chroniclwyd hwy gan y Parchedig W. Thomas o'r Hendy-gwyn, mewn pamffled Saesneg: **E** . Yn Nyfed, cyfran fechan iawn o'r degwm oedd yn mynd i bocedi'r offeiriaid ers amser y Tuduriaid. Yn Esgobaeth Tyddewi yr oedd degymau 250 o'r 300 plwyf yn mynd i rai nad oeddynt yn offeiriaid. Tlodaidd iawn oedd degymau nifer o blwyfi eraill yr Esgobaeth.

E O'r Ffigurau Degwm ... gwelwn fod degymau Cymreig yn cael eu cymryd o'r wlad i chwyddo incwm esgobion Seisnig ... Mae Esgob Lichfield felly'n cymryd holl ddegwm Pennal, £223, Talyllyn, £250, a Thowyn, £793, o ran gwerth. Cymer Deon a Chanonau Windsor y cyfan o ddegwm Trefeca, £504; a holl ddegwm Abergwili, £700, ac felly o lawer plwyf arall. Derbyniodd Esgob Caer holl ddegwm Llangathen, £260, a Llanbeblig, £486. Cymer Esgob Lincoln £400, ac Esgob Caerloyw £844. Mae Deon a **Chabidwl** Caerloyw, Rhydychen, Caer-wynt a Chaerwrangon yn berchnogion degymau Cymreig a ddaw yn gyfanswm o £9,154 rhyngddynt. Dim syndod fod pobl Cymru mor anfodlon ar y defnydd a wneir o'r eiddo cenedlaethol …

(W. Thomas, *The Anti-Tithe Movement in Wales*)

Ym 1886 cwynodd Annibynwyr Elim, Ffynnon-ddrain ger Caerfyrddin, a Hebron, Hendy-gwyn yn erbyn y degwm. Bu nifer o brotestiadau yn sir Aberteifi hefyd. Mae'r Parchedig T. Eirug Davies yn disgrifio'r hyn a glywodd am Ryfel y Degwm yn ardal Gwernogle, yn neau'r sir, pan oedd yn blentyn: F

F Yr oedd digwyddiadau Rhyfel y Degwm ar orffen tuag adeg fy ngeni, a chlywsom fel plant gryn sôn am y modd y gorymdeithiai'r gwrthryfelwyr yn erbyn talu'r degwm o ardal i ardal, ac o fferm i fferm, pan werthid eiddo ac anifeiliaid i gwrdd â'r gofyn. Ar flaen y fintai cludid llun pen offeiriad y plwyf wedi ei lunio'n dra chelfydd o erfinen, a dyfeisid cynlluniau lled effeithiol i rwystro'r arwerthwr, ac nid oedd pob un yn basiffist chwaith, fel y gwyddai ambell swyddog yn rhy dda wrth ymadael ar ffrwst wyllt.

(T. Eurig Davies, *Yr Hen Gwm*, gol. Alun Eirug Davies)

Mae llun FF yn dangos mintai o blismyn a beiliaid ar eu ffordd i geisio rhoi trefn ar derfysg tebyg a gododd yn ardal Brynhoffnant, sir Aberteifi, adeg Rhyfel y Degwm.

FF

Yn aml byddai eiddo'n cael ei **atafaelu** os na fyddai ffermwr yn fodlon talu'r degwm. Fe atafaelwyd y peiriant nithio yn llun G ddwy waith am nad oedd ei berchennog a oedd yn byw yn Nerwen-gam, sir

Aberteifi yn fodlon talu'r degwm. Ar un adeg perthynai'r peiriant i Morgan Evans, un o arweinwyr blaenllaw Rhyfel y Degwm yn sir Aberteifi.

G

Ym mis Ionawr 1886 roedd ffermwyr yng nghylch Treffynnon wedi galw am lysoedd tir i Gymru — llysoedd o arbenigwyr annibynnol i setlo cwerylon rhenti a degymau rhwng tenantiaid, meistri tir a'r Eglwys. Yn Llandegla, ac yn Llanrhaeadr, ger Dinbych, ac yng Ngherrigydrudion hefyd, bu gwrthod talu oni cheid cytundeb gan yr offeiriad i droi'n ôl ran o'r degwm. Wrth gwrs, cytunodd rhai offeiriaid, ond teimlai eraill fod yn rhaid iddynt godi'r degwm yn llawn er mwyn cadw cyfraith gwlad a hen arfer yr Eglwys.

Ym mis Tachwedd 1886 ysgrifennodd y Parchedig J. Parry Morgan, ficer Llanrhaeadr, at rai o'r ffermwyr yn ei blwyf yn gresynu eu bod wedi gwrthod cynnig i droi'n ôl ddeg y cant o'r degwm, gan fod ffermwyr wedi cytuno i ostyngiad o ddeg y cant mewn aml i le arall. Mynnai ffermwyr Llanrhaeadr ugain y cant o ostyngiad. Esboniodd y ficer ei achos yn y wasg leol: NG

NG Gan na fûm yma ond ychydig dros flwyddyn, ni fedrais ennill yn ôl y costau trymion barodd y newid imi. Deuthum yma'n drwm gan ddyledion plwyf, ar yr eglwys a'r ficerdy yn fy hen blwyf, ac yr wyf yn dal yn gyfrifol amdanynt … costau'n gyfanswm oddeutu £200 i £300. I dalu'r swm dibynnais ar dderbyn y degwm arferol yma. Gan fod y rhain wedi methu, yr wyf, wrth gwrs, mewn sefyllfa anodd iawn. Mae hefyd yn ddigon hysbys fod y swydd yma £100 yn llai ei gwerth na saith neu wyth mlynedd yn ôl …

(*Denbighshire Free Press*, 6 Tachwedd 1886)

Cytunodd y ficer a'r ffermwyr yn y diwedd ar leihad o bymtheg y cant yn y degwm.

MWY O BROTESTIO

Bu protestiadau pellach, yn dilyn patrwm tebyg i'r rhai cynnar, yn Llanfair Dyffryn Clwyd ym Medi 1886, yn Chwitffordd ger y Fflint, a Phen-sarn, Abergele yn Rhagfyr 1886. Dyma gyfanswm y degwm oedd yn ddyledus yn Abergele yn ôl y cytundeb Cyfnewid Degwm a wnaed yno ym 1840 — cytundeb tebyg i'r Dosbarthiad Degwm a wnaed ym mhob plwyf yng Nghymru a Lloegr: H

H		
Esgob Llanelwy	£1,487	
Ficer Abergele	£490	
Clerc y plwyf	£12	
Cyfanswm	£1,989	

Wrth gwrs, fel y cofiwch, roedd y swm a delid ar ôl 1840 yn amrywio, ond fe welwch gymaint o'r arian oedd yn mynd allan o blwyf Abergele ei hun. Dyma'r hyn a ddigwyddodd, fodd bynnag, pan ddaeth beiliaid, arwerthwyr a llu o'r heddlu i fferm Tŷ Gwyn, Abergele, ar 21 Rhagfyr 1886. Roedd tenant y fferm, David Edwards, wedi atal ei ddegwm a gwelir rhan o'i dystiolaeth yn I:

I Daeth y gŵr bonheddig acw (pwyntio at ddyn yn y llys) heibio gyda dau feili, a dweud wrthyf ei fod eisiau'r degwm a dywedodd hefyd wrth dri o ddynion eraill. Dywedais y talwn ar un waith pe ond dychwelai dri swllt yn y bunt. Gwrthododd droi tri swllt yn ôl. 'O'r gorau,' meddwn i, 'rhaid ichwi werthu am eich arian.' ... felly euthum i Abergele at y Sarsiant Lewis ... dywedodd yntau, 'Ydych chi'n meddwl fod unrhyw bwrpas anfon am yr heddlu i fynd draw i'r arwerthiant?' Dywedais innau, 'Na, dewch chi eich hun a'ch dau ddyn, 'does gynnych chi ddim i'w wneud a 'fyddai waeth ichwi ddod.' Ond daethant yn llu, tua thrigain neu ddeg a thrigain ohonynt. Roeddem yn dyrnu ddiwrnod yr arwerthiant a dywedais wrth y dynion fod yn rhaid peidio, inni weld beth oedd yn mynd ymlaen. Dyma beidio, a neidiodd rhai o'r dynion i ben y clawdd, tua dwsin neu fwy; a daeth y ffermwyr at ei gilydd a safai'r 60 o blismyn yn y ffordd, a Major Leadbetter, fel y galwant ef, yn sefyll 100 neu 110 o lathenni oddi wrthynt, a Sarsiant Lewis yn gwneud ei hun yn brysur iawn. Dywedodd Sarsiant Lewis, 'Mi gewch chi wŷs gen i os sefwch chi ar y clawdd yna. Dewch i lawr.' Ac fe ddywedodd hyn nes dechreuodd y bobl ddigio, a meddent, 'I beth ar y ddaear ydych chi eisiau erlyn pobl am fod ar ben y clawdd?' Dechreusant floeddio a gweiddi ar yr arwerthwyr.

(Cofnodion Tystiolaeth yr Ymchwiliad i'r Cynyrfiadau
Degwm)

L Major Leadbetter, Prif Gwnstabl sir Ddinbych (1878–1911).

Erbyn hyn roedd mudiad trefnus ymysg y ffermwyr sef Cynghrair Gorthrymedigion y Degwm. Cafodd ei gychwyn mewn cyfarfod yn y Clwb Rhyddfrydol yn Stryd y Priordy, Rhuthun, ar 7 Medi 1886, diwrnod ffair. Roedd y bwriad i ffurfio'r Cynghrair wedi codi yn y protestiadau yn Llanarmon ychydig ynghynt. Esboniwyd amcanion y Cynghrair yn *Baner ac Amserau Cymru* ym 1888, papur newydd dylanwadol Thomas Gee ei hun. Bu gan y papur wythnosol hwn ran bwysig iawn yn hanes Rhyfel y Degwm, fel y gwelwn: LL

Eglurodd Mr. Gee yr afresymoldeb, yn ei farn ef, i'r amaethwyr ddisgwyl gwaredigaeth, ond trwy fabwysiadu egwyddorion y Cynghrair. Ac yr oedd hi yn llawn mor afresymol i'r amaethwyr a'r gweithwyr hefyd ddisgwyl dyddiau gwell tra yr oedd tiroedd y wlad yn cael eu gosod fel yr oeddynt, ac wedi eu casglu i ychydig o ddwylaw (cymmeradwyaeth). Yr oedd y Cynghrair am fynu cyfiawnder, hyd y gallai, i bob dosbarth—heb wneyd cam hyd yn oed a'r tirfeddiadnwyr. Dylai yr amaethwyr gael deddf a sefydlai lysoedd tirol trwy yr holl wlad, i benderfynu pa rent fyddai yn deg ar bob fferm y ceisid hyny ganddynt (clywch)—ac a gadwai y ffermwyr yn y meddiant o'u ffermydd tra y talent am danynt (clywch). A dylai sicrhau iawn iddynt pan yn gadael eu ffermydd am bob gwelliantau a wnaed arnynt (cymmeradwyaeth). Nid oedd dim llai na hyn a wnai y tro i'r amaethwyr, meddai. A dylent gyda hyny gael awdurdod i orfodi perchenogion presennol y tir i'w gwerthu am brisiau rhesymol; a chael benthyg arian gan y llywodraeth am bedair punt y cant i dalu y corph, a'r llôg hefyd, a'u gwneyd felly mewn wyth mlynedd a deugain yn feddiant iddynt eu hunain a'u teuluoedd (cymmeradwyaeth). Yr oedd y Gwyddelod wedi cael hyn; ac os oedd hyn yn gyfiawnder iddynt hwy; yr oedd yn gyfiawn i ffermwyr Cymru gael yr un peth (cymmeradwyaeth). Dylai y gweithwyr, meddai, gael yr un chwareu teg trwy gael acar, dwy, neu dair, yn feddiant iddynt eu hunain ar yr un telerau (cymmeradwyaeth). A phe y ceid hyn, caem weled gwawr diwygiad mewn masnach yn tori, a chwanegai at gysur nifer dirifedi o ddeiliaid y deyrnas sydd yn awr yn dioddef llawer o gyfyngderau (clywch). Cyfeiriodd Mr. Gee hefyd at yr Eglwys Sefydledig, a dywedodd fod yn llawn bryd ei dadsefydlu a'i dadwaddoli (cymmeradwyaeth mawr). Yr oedd yn afresymol ac yn anghyfiawn iawn trethu gwlad Ymneillduol tuag at ei chynnal; ac ymddengys hyny yn fwy annheg pan yr ystyrir fod nifer fawr o gytoethogion yn aelodau o honi (clywch). Heb law hyny, ni ddaliai tiroedd y wlad mo'i phwysau; ac felly yr oedd yn

LL Adroddiad yn *Baner ac Amserau Cymru*, 30 Mai 1888, o ran o araith Thomas Gee.

YMARFERION

1. Beth a wnaeth 'Deddf Cyfnewid y Degwm' ym 1836?

2. Llenwch y bylchau yn y paragraff canlynol:
   Yn y lle cyntaf byddai swyddog o'r enw —————
   yn gwneud map a rhestr o'r holl gaeau a ffermydd
   yn y plwyf; gelwid y rhestr yn —————. Wedyn
   gwelai pa faint o gnydau o wenith, ceirch a ————— a
   dyfid ar bob cae, a nodai swm y degwm ar y rhestr.
   Dibynnai'r swm ar gynnyrch y cae ac ar brisiau ŷd
   dros y ————— mlynedd blaenorol. Gelwid y pris
   mwyaf cyffredin dros y cyfnod hwn yn bris —————.

3. Ym mha ffordd y penderfynid sut yr oedd swm y
   degwm i'w newid o flwyddyn i flwyddyn ar ôl y
   cyfrif cyntaf?

4. Pam oedd y drefn o addasu swm y degwm yn
   anffafriol i'r ffermwyr yng Nghymru erbyn
   wythdegau'r ganrif ddiwethaf? Dylai fod dau reswm
   pwysig.

5. Ysgrifennwch lythyr i bapur fel *Baner ac Amserau
   Cymru*, a chwithau'n denant fferm yng nghefn
   gwlad Cymru, gan esbonio'ch gwrthwynebiad i'r
   degwm.

6. Pam nad oedd y degwm bob amser yn mynd i'r
   offeiriad?

7. Beth fyddai'ch ateb chi, petaech yn ficer Llanrhaeadr
   ym 1886, i ofynion y ffermwyr am droi'n ôl ugain y
   cant o'r degwm?

8. Pa ganran o ddegwm plwyf Abergele ym 1840
   (tud. 20) oedd yn mynd i'r offeiriad lleol?

9. Beth ynglŷn ag arwerthiant degwm fferm Tŷ Gwyn,
   Abergele, ym 1886, a ddigiodd y bobl leol fwyaf, yn
   ôl tystiolaeth y ffermwr yn ⬚I ?

10. Beth a ddigwyddodd yn Rhuthun ar 7 Medi 1886?
    Beth oedd pwrpas yr hyn a wnaed yn ôl yr
    adroddiad o anerchiad Thomas Gee yn *Y Faner*?

⬚M   Howel Gee, mab Thomas Gee, partner yng Ngwasg Gee ar ôl
1884, a'i pherchennog o 1898 hyd 1903.

---

5.   Y FRWYDR YN POETHI

HELYNT LLANGWM

Ar ôl cyffro Abergele bu cyfnod cymharol dawel wedyn
hyd helynt difrifol Llangwm ym Mai 1887. Dyma
ddisgrifiad o'r digwyddiadau gan yr hanesydd Frank
Price Jones — allan o erthygl fanwl a ysgrifennodd am
Ryfel y Degwm ym 1953: ⬚A

⬚A   Y bore hwnnw cyflogodd Inspector Vaughan
'brake' gan John Williams y 'Crown', Dinbych, i'w gludo
ef a'r plismyn, y beiliaid ac Ap Mwrog, (arwerthwr o'r
Rhyl), i Langwm drachefn. Rhoddwyd yr arwyddion
gan y gwylwyr, ac yr oedd tyrfa fawr yn disgwyl
amdanynt ger y 'Tŷ Nant Inn'. Yna, penderfynodd y
dyrfa fynd i gyfarfod yr ymwelwyr, a daethant i
gyffyrddiad â'i gilydd ger y Disgarth. Gan mor fawr y
dyrfa yn y ffordd, gorfu i'r teithwyr ddisgyn o'r cerbyd a
thaflwyd tyweirch ac wyau gorllyd at Ap Mwrog a'i
gyfeillion, a chiliasant beth o'r ffordd.

Yna, medd yr hanes hwn, ceisiodd y gyrrwr yrru ei
bâr ceffylau a'r cerbyd drwy'r dyrfa ond hawdd credu
mai rhedeg ohonynt eu hunain a wnaethant, pan
gofiwn yr hwtio a'r gweiddi a'r curo padelli a chwythu
cyrn a glywid yno.

Fodd bynnag, rhedodd y ceffylau, a thorrodd y
pawl rhyngddynt, a chan mor wyllt y rhedent,
maluriwyd y cerbyd yn erbyn y cloddiau. Ceisiodd John
Williams ddal ei afael yn yr awenau, er iddo gael ei daflu
o'r cerbyd, ond wedi ei lusgo beth o'r ffordd bu'n rhaid
iddo eu gollwng. O'r diwedd safodd y ceffylau ger y
'Goat Inn', wedi eu llethu'n llwyr gan y niwed a
gawsant; cymaint oedd briwiau un ohonynt fel y bu'n
rhaid ei saethu yn y fan, ac ymhen dyddiau wedyn bu
corff y gaseg yn broblem fawr i'r awdurdodau gan na
chaniatái'r ffermwyr ei gladdu yn eu tir hwy gerllaw. O'r
diwedd fe'i claddwyd yn rhan anghysegredig y fynwent
newydd ger Llangwm …

Gorymdeithiodd y tri chant i Gorwen a rhoi Ap Mwrog, Vaughan, Stevens (goruchwyliwr y Dirprwywyr Eglwysig) a'r lleill ar y trên, ac yna aethant i chwilio am fwyd, gan '… osgoi y tai hynny sydd wedi rhoi cymaint o nodded i'r llu ers cymaint o amser' trwy roddi lletty i'r beiliaid. Dyma un enghraifft, yn unig, o'r boicotio a ddaeth yn destun llawer o gyhuddiadau o bobtu.

Yna, medd y 'Faner', aeth pawb adref 'heb i ddim gymeryd lle nas gellir gofyn bendith arno.'

(Frank Price Jones, 'Rhyfel y Degwm', *Trafodion Cymdeithas Hanes Sir Ddinbych, 1953*)

B Llwyth o wair o dan wyliadwriaeth yn Llangwm ym 1887. Byddai plismyn a beiliaid yn cipio eiddo a'i wylio rhag i rywun ei symud cyn yr arwerthiant degwm.

Cafodd 31 o wŷr y cylch eu galw gerbron llys ynadon yn Rhuthun yng Ngorffennaf, ac ar ôl cryn ddadlau ynglŷn â lleoliad yr achos, anfonwyd ef ymlaen i lys uwch — y **Frawdlys**, rhyw bythefnos wedyn. Bu'n rhaid gohirio'r achos yno, am fod yr **Ysgrifennydd Cartref**, Henry Matthews, wedi penderfynu cynnal yr achos mewn llys arall yn Llundain. Bu storm o brotestio ynglŷn â hyn. Gofynnodd T. E. Ellis a oedd y llywodraeth yn amau gallu **rheithwyr** yng Nghymru i wneud dyfarniad teg. Yn y diwedd anfonwyd yr achos yn ôl i'r Frawdlys yn Rhuthun, ac yn Chwefror 1888 gwrandawodd y Barnwr Denham yr achos. Wyth **diffynnydd** oedd yn y doc erbyn hyn ac ar ôl i'r Barnwr Denham ymgynghori â thwrneiod y ddwy ochr cytunodd yr wyth i bledio'n euog, a chawsant eu **rhwymo i gadw'r heddwch**. Nid aeth neb i garchar, a bu cryn feirniadu ar y Barnwr Denham am fod yn dirion gyda'r protestwyr. **C**

Tynnwyd llun **C** o flaen dorau castell Rhuthun yng Ngorffennaf 1887. Yn y *Free Press*, sonnir am ymgais flaenorol i dynnu llun y cwmni yng ngorsaf rheilffordd Rhuthun. Roedd y tynnwr lluniau wrthi'n trefnu'r protestwyr yn rhesi pan ddaeth y trên i'r orsaf a rhuthrodd y rhan fwyaf ohonynt i'w ddal gan adael y tynnwr lluniau yn sefyll!

C 'Merthyron y Degwm': gwŷr Llangwm ar ôl yr achos yn y llys ynadon yn Rhuthun.

Ceir enghraifft o'r dystiolaeth a gafwyd yn y llys ynadon. Dyma dystiolaeth Mr Stevens, goruchwyliwr y Dirprwywyr Eglwysig: **CH**

CH Ar Fai 27 'roeddwn i, Mr J. E. Roberts, yr arwerthwr, fy nglerc a chlerc yr arwerthwr, Mr Vaughan, Mr Amos Maltby a thri plismon — Cwnstabl Williams, Llanrhaeadr, y Rhingyll Evans a'r Cwnstabl Davies, Dinbych, wedi mynd mewn wagen fechan o Ddinbych am 3 o'r gloch y bore i ffarm Arddwyfaen … Roedd y ffarm yr oeddem yn mynd i atafaelu arni ym mhlwyf Llangwm … Pan ddaethom at y ffarm gwelsom fod y ffermdy ar fryn — bryn a godai o'r ffordd. Edrychasom tua'r ffarm a gwelsom nifer o bobl ar lechwedd y bryn, yn cario ffyn ac yn edrych fel pe'n chwilio am rywun … Ar yr un pryd gwelsom grwpiau o ddynion efo ffyn yn dod i'n cyfarfod ar hyd y ffordd … Canlyniad y dyrfa'n curo'r ceffylau oedd iddynt wyrdroi i'r chwith yn erbyn y clawdd, torrodd y pawl a chrafangodd rhai o'r teithwyr allan o gefn y wagen. Cododd y ceffylau drachefn a rhuthro ar hyd y ffordd tua Chorwen. Cadwodd y gyrrwr ei sedd… Y rhai yn y ffordd oedd myfi fy hunan, Thorpe (fy nghlerc), Edwards (clerc yr arwerthwr), Maltby a'r 3 plismon. Gadawyd ni oll yn y ffordd. Pan welodd y dorf gyflwr pethau daethant draw — credaf fod tua 200 i 300 o bobl yn y dyrfa. Cadwasom oll yn bur glos at ein gilydd ac aethom ymlaen ar hyd y ffordd, a'r heddlu'n dod yn y cefn. Welais i ddim sut y bu hi ar yr heddlu am i'r dyrfa fynd rhyngom … Ar ôl ychydig amser rhedasom am tua chwarter milltir. Dyma beidio â rhedeg wedyn, gan nad oedd rhedeg o unrhyw werth, gyda'r dyrfa yn rhedeg efo ni; ac yn fuan iawn aeth rhai o'n blaenau ac eraill y tu ôl i ni. Ceisiodd eraill fachu'n coesau â ffyn bagl a pheth amser wedyn gwelais Thorpe ar y llawr, pa un ai wedi syrthio ai peidio, ni fedraf ddweud … Cyraeddasom ran o'r wlad … lle mae rhaeadr gerllaw, 'rwyf yn sicr o'r rhaeadr. Wedi cyrraedd yno cefais fy nharo ar fy mhen … erbyn hyn 'roeddwn wedi fy amgylchu gan y dorf … 'roeddwn wedi fy syfrdanu am funud neu ddau … Gwelais Mwrog yn sefyll yn y ffordd gyda'r dyrfa o'i gwmpas, ac aeth y dorf oddi wrthyf fi i fynd at Mwrog. Roedd yntau wedi ei amgylchu gan y dorf, a chawsai afael ym mhen ceffyl, un o'r ceffylau yn y dyrfa, ac yr oedd yn ei facio o gwmpas …

(*Denbighshire Free Press*, 9 Gorffennaf 1887)

Nid oedd y dystiolaeth a roddwyd yn y llys bob tro'n ddibynadwy iawn. Honnai George Thorpe, er enghraifft, sef clerc i Mr Stevens, iddo gael ei daro i'r llawr gan ŵy! Pan holwyd ef sut y gwyddai mor sicr mai ŵy ydoedd, atebodd, 'Oddi wrth yr arogl'. Ef hefyd a hawliodd fod y ffyn a ddygid gan y protestwyr yn debyg i 'byst sgaffaldiau', ond wrth ymgolli yn ei stori tyfodd y ffyn i fod yn 'young trees'! Dyma ran o dystiolaeth Ap Mwrog yn y llys: **D**

D Aeth y tyst at ben ceffyl Thomas [Thomas Thomas, Tŷ Nant, un o arweinyddion y brotest] a dweud wrtho y gwyddai ei enw. Dywedodd hefyd: 'Os na stopiwch chi'r cythreuliaid acw yn y gêm yma, mi fyddan' 'nhw mewn trwbl yn sicr' a daliai i symud ceffyl Thomas i mewn i'r dyrfa i rwystro'r ffyn rhag dod ar ei gefn. Dywedodd Thomas drosodd a throsodd y byddai'n rhaid iddo ddod yn ôl i Dŷ Nant. Roedd tua 500 yn bresennol erbyn hyn, 'roeddynt yn hwtio a gweiddi, 'Dros y bont ag o!' gan eu bod bellach wrth ymyl y rhaeadr. Gwnaeth Thomas a ffermwr arall … iddo fynd i ben y clawdd a dywedasant fod yn rhaid iddo arwyddo papur ac addo peidio fyth â dod eto neu ni fyddai'n mynd adref yn fyw. Gan weld y perygl yr oedd ynddo, a'r cwmni yno, ystyriodd hi'n well i arwyddo'r papur. Rhoddodd William Williams bensil a phapur iddo, 'roedd y tyst bellach wedi cael ei roi dros y clawdd. Ysgrifennodd y papur yn ôl geiriad Thomas a'i arwyddo.

(*Denbighshire Free Press*, 9 Gorffennaf 1887)

A wnaethoch chi sylwi ar y modd yr ysgrifennid adroddiadau o'r llys weithiau? Yn nhystiolaeth Thorpe ac Ap Mwrog mae'r gohebydd yn dweud y cyfan fel petai ef ei hun yn dweud y stori, yn hytrach na Thorpe neu Ap Mwrog eu hunain; eto i gyd, geiriau y tystion eu hunain yw'r disgrifiad a geir ganddo. Roedd hyn yn ffordd gyffredin iawn ers talwm o roi areithiau o'r Senedd, neu gyfarfodydd cyhoeddus, neu dystiolaeth llys, yn y papur newydd.

HELYNT MEIFOD

Ychydig wedi ffrwgwd Llangwm cafwyd arwerthiannau ym Meifod, yn sir Drefaldwyn, yn nechrau Mehefin 1887, ond methwyd â gwerthu dim o'r eiddo a gymerwyd oherwydd gwrthwynebiad torf o bobl leol. Yr oedd cyfnod ystormus iawn ar fin dechrau: **DD**

DD Bu dyffryn Meifod, rhwng bryniau uchaf Maldwyn, yn safle cynnwrf ddydd Gwener yn dilyn ymdrechion newydd i werthu'r stoc a gymerwyd … am y degwm sy'n awr yn ddyledus. Gwrthododd 40 o ffermwyr dalu degwm o gwbl oni roddid deg y cant o ostyngiad, ac wedyn atafaelwyd eiddo chwech o'r ffermwyr mwyaf cefnog, a'u rhenti'n amrywio o £200 i £500 y flwyddyn. Trefnwyd llu o 110 o blismyn. … Martsiwyd yr heddlu yn bum rheng i ffermdy Plas Uchaf, tua milltir i ffwrdd, a gangiau mawr o weision ffermydd, wedi eu harfogi â ffyn, yn martsio o flaen a thu ôl iddynt, yn hwtio heddlu yr holl ffordd … martsiwyd yr heddlu i'r Plas Isaf, lle trigai Mr Richards. Cynyddodd y dorf wedyn yn 1,500 o ymwelwyr … Cychwynnwyd sgrechian a bloeddio nes diasbedain drwy'r dyffryn am filltiroedd. Yn y Plas Isaf gosododd y dyrfa eu hunain ar glawdd o ochr chwith i'r plas, yn glos at yr adeilad. Martsiodd yr heddlu drwy'r buarth wrth ymyl drws y plas, lle rhwystrodd y dorf eu hynt, ac ni wnaent ildio. Gorchmynnwyd y llu i ruthro, a bu golygfa o anhrefn gwyllt wedyn. Gan fod y dorf ar godiad tir roeddynt yn drymach na'r heddlu a gwasgwyd hwy'n ôl gyda'r canlyniad i'w rhengoedd chwalu a buont yn paffio benben am rai munudau. Cipiodd y plismyn un dyn a ddygai ffon gref a'i luchio i'r llawr. Ni wnaeth hyn ond cyffroi'r dorf, a gyrrodd un ffermwr o Fanafon, ar gefn ei geffyl, i ganol yr heddlu, a gafaelsant hwythau yn y ceffyl a thynnu'r marchog oddi ar ei gefn … Bu digwyddiad doniol pan ddaethpwyd â bocs mawr o deisennau a brechdannau o'r plas a lluchio'r cynnwys dros bennau'r plismyn i'r gweision a oedd wrthi mor brysur yn y ffrwgwd.

… Wrth ddringo allt hir o Feifod daeth teiar olwyn un o gerbydau'r heddlu i ffwrdd a bu'n agos i'r teithwyr gael eu taflu allan. Daeth pawb o'r heddlu allan o'r cerbydau i gyd, ac yr oedd yn olygfa ddigrif gwylio'r plismyn yn gwthio'r cerbydau i fyny'r allt ag un llaw ac yn bwyta pastai borc fawr efo'r llaw arall.

(*Denbighshire Free Press*, 4 Mehefin 1887)

HELYNTION YR HAF

Ar gyfer digwyddiadau cyffrous Mehefin 1887 trown eto at adroddiadau manwl y *Denbighshire Free Press*. Roedd papurau newydd yr oes honno yn ymfalchïo yn eu manylder, yn arbennig felly wrth ddisgrifio digwyddiadau lleol. Bu'r rhan fwyaf o gyffro Rhyfel y Degwm o fewn ardal y *Free Press*, ac yr oedd yn llai tueddol i gymryd ochr na *Baner ac Amserau Cymru* — a oedd gant y cant o blaid y protestwyr, wrth gwrs. Dyma ddigwyddiadau mwyaf cyffrous yr ardal ers blynyddoedd, ac yr oedd hyd yn oed papurau dyddiol Llundain yn dilyn hynt a helynt ffermwyr Cymru. Un o'r gohebwyr ieuengaf ar staff y *Free Press* bryd hynny oedd llanc ieuanc a ddaeth ymhen blynyddoedd yn dwrnai a barnwr enwog — Thomas Artemus Jones.

Ar ôl helynt Meifod aeth ton ddisgwylgar o bryder a chyffro tros ogledd Cymru. Cynlluniodd ffermwyr, ym mhle bynnag y rhoddid rhybudd am arwerthiant degwm, i wylio'n ofalus am yr arwerthwyr. Codwyd polion baneri yn rhes ar bennau'r bryniau, fel y gellid codi baner i rybuddio pawb a'i gwelai fod y fintai yn dod. Yn Llanelwy a Bae Colwyn cedwid gwyliadwriaeth glòs ar y gorsafoedd rheilffordd a holid gwŷr dieithr yn y tafarnau a'r gwestai cyn gweini arnynt. Cadwai ffermwyr eu drylliau'n agos wrth law — nid i saethu neb, wrth gwrs, ond i danio ergyd o rybudd i'r gymdogaeth os gwelent neidr las y plismyn a'r beiliaid yn gwau rhwng y cloddiau tuag atynt.

Un diwrnod daeth yr awdurdodau gyda chwmni o filwyr wrth eu sodlau! Daeth gosgordd o 74 o filwyr a llu mawr o blismyn efo trên i Fodfari un bore braf o Fehefin. Dywedodd y *Free Press* fod 'presenoldeb y cotiau cochion wedi rhoi cryn syndod i'r dorf, ac yr oedd yn chwerthinllyd gweld cymaint o le a roes y mwyaf swnllyd a gorchestgar o'r bloeddwyr i'r milwyr'.

Yr unig helynt o bwys a gafwyd ym Modfari, er i

dyrfa fawr gasglu yn y diwedd, oedd i rywun ollwng tarw'n rhydd. Rhuthrodd hwnnw ar y fintai a'r milwyr cyn troi yr un mor ffyrnig ar y protestwyr a'i gollyngodd. Daeth y milwyr i'r cylch drachefn ar 16 Mehefin, gan ymweld â Llanelwy a Thremeirchion. Yn y Waun, Llanelwy, collodd un ferch ei thymer a lluchio tywarchen at Ap Mwrog, gan daro'i het i ffwrdd. Ar ôl seibiant mewn tafarn gyfagos, ymlaen â'r fintai. Y lle nesaf fyddai Mochdre, E ger Bae Colwyn. Roedd y cyffro newydd a ddaethai yn sgîl ymddangosiad y milwyr ar fin troi'n chwerw: F

HELYNT MOCHDRE

E Pentref Mochdre ar ddiwedd y ganrif.

F Yna aeth yr heddlu a'r milwyr ymlaen i Fochdre, ger Bae Colwyn. Rhoddwyd yr arwydd ar hyd y fro eu bod wedi cyrraedd, oblegid bu gwyliadwriaeth ofalus nos a dydd, ac yr oedd Mochdre dan **warchae** …

Aeth y dyrfa'n gynyddol afreolus a chafodd yr arwerthwr bob math o sarhad. Caewyd y ffordd rhagddynt, a gwrthododd y dorf symud. Gorfu i'r heddlu wthio llwybr rhyngddynt, a chael eu cam-drin wrth y gwaith, cerrig yn cael eu taflu o'r cefn. Estynnodd y plismyn am eu pastynnau am ychydig funudau a rhuthro ar y dyrfa ar bob llaw. Cludwyd tua dwsin o ddynion ymaith yn anymwybodol. Anafwyd un dyn yn ddifrifol — Elias Hughes, blaenor mewn capel lleol, a fu'n amlwg yn y mudiad yn erbyn y degwm — craciwyd asgwrn ei ben a thorri ei fraich. Ar ôl rhuthr yr heddlu, talwyd yr arian roeddynt yn ei geisio ar unwaith ac aeth yr heddlu ymlaen drachefn. Yn sydyn daeth cawod anferth o gerrig gyda grym ofnadwy o'r tu ôl i'r cloddiau. Cryfhaodd hyn y dorf i ymosod o'r cefn, a rhuthrodd y plismyn eto — o ddifrif y tro hwn. Gwasgarodd y dyrfa fel cwningod, yr heddlu'n eu dilyn i fyny'r allt, carfanau'n cael eu hanfon i chwilio'r caeau o boptu'r ffordd … Gan fod y dorf yn dal i ddilyn, darllenwyd y **Ddeddf Derfysg** yn Saesneg a Chymraeg, ac wedyn dechreuodd y dyrfa ymadael.

(*Denbighshire Free Press*, 18 Mehefin 1887)

FF Mae'r llun hwn o derfysg yn Iwerddon yn rhoi argraff o derfysgoedd mwy treisgar na'r rhai yng Nghymru.

Cynnwrf Mochdre oedd un o'r helyntion ffyrnicaf rhwng yr awdurdodau a'r protestwyr, a bu llawer o sôn a dadlau ynglŷn â'r hyn a ddigwyddodd. Penodwyd ymchwilydd gan y llywodraeth i ddarganfod y ffeithiau — ynad heddwch o Lundain o'r enw John Bridge, gyda'r ysgolhaig Cymraeg John Rhŷs yn cyfieithu tystiolaeth o'r Gymraeg iddo. Gwrandawodd ar lu o dystion, yng Nghonwy, y Rhyl, Dinbych, y Trallwng a Meifod yng Ngorffennaf ac Awst 1887, ac aeth at erchwyn gwely Elias Hughes, a gawsai ei glwyfo ym Mochdre. Dyma ran o dystiolaeth Mr Alfred A. Walker, Y.H. a oedd yn cynrychioli'r fainc ynadon leol ym Mochdre: **G**

G Yn fuan ar ôl gadael Mochdre dyma droi o'r neilltu ar lôn lai fyth sy'n disgyn i lawr i'r dyffryn a chroesi nant fechan. Ym mhant yr afon … safodd y milwyr. Croesodd yr heddlu'r bont, am a gofiaf … Sylwais fod cryn nifer o'r heddlu wedi cychwyn draw, a deallais eu bod wedi symud ymhellach i fyny'r allt. Dilynais hwy draw yno … ar ôl dadl rhwng y swyddogion a'r ffermwr gwelais y dyrfa'n dilyn y plismyn i lawr. Roedd rhai yn dod o hyd, yn cyrraedd o wahanol fannau … Mae'n anodd gwneud amcangyfrif da o'r nifer, ond 'rwy'n tybio fod tua 200 o dorf yno. Troes rhan o'r dyrfa trwy'r giât … a mynd i lawr y cae, wrth ochr y lôn. Nid oeddwn wedi mynd ond ychydig lathenni pan glywais dwrw dryslyd islaw, a dringais i ben y clawdd i weld beth oedd yn digwydd.

O'r clawdd medrwn weld y cae ar ochr dde'r lôn; hwn oedd y cae yr aeth cryn nifer o'r dyrfa iddo. Ond ni fedrwn weld ond yn aneglur beth oedd yn digwydd yn y lôn oherwydd y cloddiau a'r gwrychoedd uchel, a barai fod y lôn ond yn weladwy o ryw ambell le yma ac acw. Mae mewn bwlch dwfn, a chodwyd cloddiau o gerrig gyda gwrychoedd ar ben rhai ohonynt … Ni fedrwn weld dim ond ymrafael dryslyd yn mynd ymlaen yn y dyrfa … ond sylwais yn y caeau, a medrwn weld y rheiny'n iawn, fod cerrig yn cael eu lluchio gan ddynion yn y cae i lawr i'r lôn …Roedd yr heddlu i gyd yn y lôn … Ni welais i yr un plismon yn y cae yr adeg honno … Cyn gynted ag y darfu, euthum i lawr i'r lôn … yna euthum i lawr y lôn i waelod yr allt lle gwelais nifer o'r plismyn yn sefyll yn rhes …

(Cofnodion Tystiolaeth yr Ymchwiliad i'r Cynyrfiadau Degwm 1887)

NG Capel y Methodistiaid ym Mochdre — yma yr addolai nifer a gymerodd ran ym mhrotest y degwm.

Ar ôl croesholi pellach cafwyd Mr Walker i gyfaddef nad oedd ef o'r farn fod angen darllen y Ddeddf Derfysg pan wnaeth hynny. Dim ond am i'w glerc bwyso arno i wneud hynny y cytunasai i'w darllen. Rhoddai darllen y ddeddf honno, wrth gwrs, yr hawl i'r milwyr ac i'r heddlu ruthro ar y dorf a defnyddio grym arfog i'w gwasgaru.

Cyflwynodd John Bridge ei adroddiad i'r Senedd ar 24 Awst 1887. Dyma ran o'i grynodeb o achos y gwrthdaro ym Mochdre: **H**

H Tebyg na fwriadai'r bobl arfer trais, ac na buasai daro oni bai serthed y lôn. Niweidiwyd 50 o'r bobl a 34 o'r plismyn. Ar y rhai a gymhellodd y bobl yno yr oedd y bai am yr helynt. Tebyg fod dwyn milwyr yno wedi cyffroi'r bobl. Ni ddylid eu dwyn heb achos, ond gallai peidio â'u gofyn wrth raid beri trychineb mawr. Dywedai'r tystion yn barhaus bod yr arweinwyr yn cymell y bobl i ymddwyn yn heddychol, ond nid oedd amheuaeth nad achoswyd trais ac anghyfraith trwy'r cwrs y cynghorwyd yr amaethwyr i'w gymryd.

(Adroddiad yr Ymchwiliad i'r Cynyrfiadau Degwm)

YMARFERION

1. Mae pob gair yng ngholofn $\boxed{A}$ yn perthyn i un o'r disgrifiadau yng ngholofn $\boxed{B}$, ond nid ydynt yn y drefn iawn. Rhoddwch hwy yn y drefn gywir:

$\boxed{A}$	$\boxed{B}$
Frank Price Jones	un o arweinyddion protest Llangwm
Ap Mwrog	cyfieithydd i'r ymchwilydd swyddogol
Diffynnydd	ymchwilydd swyddogol i'r terfysg
Thomas Thomas	arwerthwr degwm o'r Rhyl
Denbighshire Free Press	y brotest lle anafwyd Elias Hughes
Mochdre	papur newydd a gefnogai'r protestio
John Rhŷs	hanesydd a 'sgwennodd am Ryfel y Degwm
John Bridge	y sawl a gyhuddir o drosedd
Bodfari	y papur y gweithiai Artemus Jones iddo
Baner ac Amserau Cymru	y brotest lle gollyngwyd y tarw

2. Pwy oedd yn y fintai a aeth i gasglu degwm yn Llangwm ar 27 Mai 1887?

3. Pam y bu protestio ynglŷn â'r bwriad i symud achos llys protestwyr Llangwm i Lundain?

4. Dychmygwch eich bod yn ymchwilydd swyddogol dros y llywodraeth. Oddi wrth yr hanes a welwch yn nyfyniadau $\boxed{A}$, $\boxed{CH}$ a $\boxed{D}$ ar dudalennau 21-23 ceisiwch wneud adroddiad cryno o'r digwyddiadau yn Llangwm.

5. Pa effaith gafodd y milwyr ar helyntion Mehefin 1887?

6. Gwnewch stribed comic yn dangos ymweliad y fintai ddegwm â Mochdre a'r hyn ddigwyddodd yno. Dylai eich darluniau ddangos y symudiadau fel y disgrifir hwy ar dud. 24.

7. Yn eich barn chi, a oedd Mr John Bridge, yr ymchwilydd, yn cydymdeimlo â phrotestwyr y degwm ai peidio? O'r hyn a ddarllenasoch, ydych chi yn meddwl fod ei grynodeb o achosion helynt Mochdre yn deg?

8. Ymrannwch yn grwpiau o 6–8. Gan benodi un ymhob grŵp yn ysgrifennydd, ewch ati i lunio drama yn seiliedig ar achos llys protestwyr Llangwm, gyda thystion, twrneiod, barnwr a gweddill y grwpiau yn rheithgor ar gyfer drama pob grŵp yn ei thro. Rhaid i bob sgript ddelio â'r ffeithiau y gwyddoch amdanynt i gyd, a rhaid i'r rheithwyr bob tro benderfynu a yw'r diffynyddion yn euog neu'n ddieuog yn ôl y ffeithiau a glywsant yn y llys.

---

6. HELYNTION DIWEDDAR

BRWYDR ENWADAU

Yn niwedd 1887 gwnaed Cynghrair Gorthrymedigion y Degwm yn Gynghrair Tir Cymreig. Amcan y mudiad yma — gwaith Thomas Gee eto — oedd ennill deddf dir i Gymru, yn cyfyngu ar hawliau meistri tir — yn union fel y gwnaethpwyd yn Iwerddon. $\boxed{A}$

Roedd T. E. Ellis a Bryn Roberts wedi ceisio trafod y Ddeddf Dir yn y Senedd ym 1886, ond heb lwyddo. Bellach roedd llawer o ffermwyr yn benderfynol o sicrhau rhenti teg, diogelu tenantiaeth, llysoedd annibynnol i bennu'r rhent, a'r rhyddid i ffermwyr ladd mân helwriaeth a fyddai'n difetha'r cnydau.

Yr oedd yr Eglwys wedi cychwyn ei mudiad ei hun i'w hamddiffyn rhag colli arian y degwm a oedd, meddai, yn rhan hanfodol o incwm pob offeiriad plwyf. Gwelai llawer ohonynt yr ymgyrch yn erbyn y degwm yn rhan o ymgyrch i ddadsefydlu'r Eglwys — tynnu ei **statws swyddogol** oddi arni yng Nghymru. Roedd y Gymdeithas Rhyddid wedi bod yn ceisio newid perthynas yr Eglwys â'r llywodraeth er 1844, ac yr oedd nifer o Gymry amlwg wedi ei chefnogi. Beth yn union oedd y berthynas yma rhwng yr Eglwys a'r llywodraeth — y statws swyddogol y soniwyd amdano?

$\boxed{A}$ Thomas Gee ar gefn ei geffyl. Enw'r ceffyl oedd Degwm.

Eglwys Llandrillo-yn-Rhos, ger Bae Colwyn. Roedd ficer Llandrillo-yn-Rhos yn cyhuddo protestwyr y degwm o fygwth rhoi ffrwydron o dan ei ficerdy a'i chwalu.

Yn syml, yr oedd Eglwys Loegr yn cael ei chyfrif yn rhan o lywodraeth y wlad. Y Frenhines oedd pennaeth swyddogol yr Eglwys — roedd 26 o esgobion yr Eglwys yn aelodau o Dŷ'r Arglwyddi — rhan o'r Senedd. Fe soniwyd am y rhwystrau a gawsai eu gosod yn erbyn pobl nad aent i'r Eglwys gynt. Er bod y rhain i gyd wedi diflannu rhwng 1828 ac 1871, roedd yr Eglwys yn dal i gyfrif ei hun yn Eglwys swyddogol, ac yn mwynhau breintiau fel casglu degwm a chael ei hesgobion yn y Senedd. Roedd Cymdeithas Amddiffyn yr Eglwys wedi ei chychwyn ym 1886 i geisio diogelu'r degwm. Dyma beth a ddywedodd y Parchedig Alfred George Edwards, Esgob Llanelwy, ar ôl 1889, am effaith yr helynt ar yr offeiriad o dan ei ofal: C

C Yn y cyfamser roedd sefyllfa'r clerigwyr [offeiriaid plwyf] ymron yn anobeithiol — taliadau yswiriant yn cael eu hatal, neu weithiau eu talu trwy werthu llyfrgell y clerigwr, tynnu plant o'r ysgol. Hefyd yr oedd y sarhad personol a'r anfadwaith a wneid i'r clerigwr ei hun. Un noson taenwyd ei ddrws â thar glo, a thro arall bu'n rhaid iddo oddef bloeddiadau tyrfa yn llosgi delw ohono o flaen ei dŷ ei hun. Deuai parseli ffiaidd eu cynnwys a llythyrau bygythiol … drwy'r post bron yn feunyddiol. Bu farw mwy nag un clerigwr dan y straen ddyblyg yma o dlodi ac atgasedd. Rhagorai'r clerigwyr yn eu hamynedd a'u dewrder, ond y loes fwyaf iddynt oedd y cyngor annelwig, tywyll y dylent 'gludo beichiau ei gilydd a throi'r degwm yn ôl', i bersonau a wrthodai ei dalu nid oherwydd tlodi ond am resymau gwleidyddol. Roedd anghyfraith ar droed drwy'r wlad; roedd y rhagolygon i'r Eglwys ac i'r clerigwyr yn dywyll.

(A. G. Edwards, *Memories*)

A. G. Edwards, Esgob Llanelwy o 1889 hyd 1920 ac archesgob cyntaf Cymru.

HELYNT LLANNEFYDD

Cyn bo hir dechreuodd cyfres o helyntion ffyrnig eto. Ym Mai 1888 daeth y Dirprwywyr Eglwysig i gasglu trwy orfodaeth yng nghylch Dinbych. Dyma'r bobl oedd yn gyfrifol am gasglu'r arian degwm oedd yn ddyledus i golegau ac ysgolion — nid i'r offeiriaid plwyf. Bu cynnwrf yn Ninbych pan ddaeth criw o'r 'gwŷr argyfwng' (beiliaid cydnerth i ddiogelu a chynorthwyo'r swyddogion) mewn cerbyd i westy'r *Royal Oak*. Bu bloeddio a bygwth, a bu tyrfa'n amgylchynu'r gwesty am oriau, ond heb i helynt difrifol ddigwydd. Y diwrnod wedyn aeth y tîm o ddynion i gasglu ac i hawlio eiddo yng nghylch Llannefydd: D

D Ar ôl i'r deg plismon a'r saith 'gŵr argyfwng' gael eu hatal ar ddydd Mercher ymysg bloeddiadau buddugoliaethus a herfeiddiol y dyrfa, a hynny wedi ymweld â naw neu ddeg fferm, gwnaed trefniadau i sicrhau nifer digonol i fedru dwyn y gwaith ymlaen yn ddiogel heddiw ((dydd Iau)) … Aeth y cwmni atafaelu, gan gynnwys Mr Dale a Mr Stevens, goruchwylwyr y

Dirprwywyr Eglwysig, eu clerc, Mr Rooke, saith o feiliaid dan arweiniad y Rhingyll Green a charfan o ryw 30 o blismyn dan arweiniad yr Arolygydd Vaughan, draw o Ddinbych mewn pump o gerbydau ... Aeth yr osgordd ymlaen wedyn i Bryn Gwyn, Llannefydd, lle roedd Mr William Williams yn denant, ac yma tyfodd y dyrfa'n sylweddol. Tra oedd Mr Stevens a Mr Dale yn cerdded ymlaen dilynwyd hwy gan y criw llai o bobl y cyfeiriwyd atynt, ac ar godiad tir bu un o'r criw yn curo hambwrdd yn barhaus yn agos at glust Mr Stevens. Ymddengys iddo, naill ai'n fwriadol neu'n anfwriadol, wthio neu daro Mr Stevens, ond mae amheuaeth am hyn. Mae'n anodd penderfynu yn sicr gan fod y dorf arfeolus, stwrllyd yno yn rhwystro i unrhyw un o nerfau a sylwgarwch cyffredin rhag bod yn sicr o union achos yr hyn a ddilynodd. Gafaelodd Mr Stevens yn y dyn, llanc ifanc, cryf, tua 20 oed, a rwystrodd yr ymosodiad trwy godi ei freichiau a'i ffon, ond p'run ai gyda'r bwriad o amddiffyn ei hun neu daro Mr Stevens, mae hynny'n fater o ddadl rhyngddynt. Ymwthiodd rhan o'r dorf tuag ato, gyda'r bwriad, meddent wedyn wrth ein gohebydd, o sicrhau na châi ei gam-drin. Dywed y beiliaid a'r heddlu, ar y llaw arall, mai i ymosod ar Mr Stevens y gwnaent hynny, a digwyddodd pethau mor gyflym, fel na ellir dweud sut yn union y bu hi. Bu dyrnodio. Ar unwaith estynnodd y plismyn a'r beiliaid am eu pastynnau, yr unig arfau oedd ganddynt, a defnyddiwyd hwy, ar ochymyn y sawl a'u harweiniai, i wasgaru'r dorf. Gwnaed hyn mor sydyn fel y bu i'r dorf gilio'n ôl am ennyd, ond cawsant ailafael yn eu hunanreolaeth ar unwaith a daliodd llawer eu tir mewn modd rhyfeddol. Defnyddient eu ffyn i ymosod ar yr heddlu wedyn, ond nid oedd i'w gymharu â'r modd deheuig a chyflym y defnyddid y pastynnau. Cawsant eu curo o gwmpas eu pennau mewn modd erchyll, gwrthdaro'r ffyn â'r pennau yn gwneud swn echrydus. Roedd yn olygfa ofnadwy, un neu ddau o'r dynion yn llewygu dan yr ergydion tra llifai'r gwaed dros eu hwynebau a throchi eu dillad. Roedd yn wrthdaro mor ffyrnig a sydyn, y pastynnau'n cael eu rhoi'n ôl yn eu lle pan chwalodd y dyrfa, fel mai prin y gellid sylweddoli beth oedd wedi digwydd ... Honnai'r heddlu fod rhai, mwy hy na'r gweddill, wedi amgylchynu Mr Stevens ... fod un o'r dorf wedi taro un o'r swyddogion yn fwriadol, ac mai'r unig gwrs yn agored iddynt, o weld mor ddifrifol y sefyllfa, oedd cymryd y cam a wnaethant ... Ar y llaw arall, dywed rhai o'r dorf fod un ohonynt oedd yn curo hambwrdd wedi cael ei gipio gerfydd ei wddf gan Mr Stevens, na ddefnyddiwyd dim trais, ac na roddwyd yr un rhybudd o'r ymosodiad a bod yr heddlu wedi defnyddio'u pastynnau yn rhy galed o lawer, heb ystyried henaint ... Aeth y rhai a anafwyd yn ddrwg i fferm gyfagos lle gofalwyd am eu clwyfau; cariwyd ymaith y rhai a anafwyd yn rhy ddifrifol i gerdded. Anfonwyd am Dr Pritchard, o Ddinbych, i drin y dynion, ac y mae rhai ohonynt bellach mewn cyflwr peryglus. Anafwyd tua 24 i gyd, 15 yn ddifrifol, pob un ohonynt ag anaf i'w ben ...

(*Denbighshire Free Press*, 12 Mai 1888)

DD Bryn Gwyn, Llannefydd.

Roedd gohebydd y *Free Press* yn ceisio bod mor ddiduedd ag oedd modd yn ei sylwadau, ond fe welwch mai peth anodd oedd hyn gan fod teimladau mor ffyrnig ar y naill ochr a'r llall. Cofiwch hefyd fod y gohebydd yn ysgrifennu ei adroddiad ychydig oriau wedi'r digwyddiad, a'i nerfau yntau yn dal yn bur fratiog, mae'n debyg.

Un o ganlyniadau helynt Llannefydd oedd i'r fyddin gael ei galw i gynorthwyo'r heddlu a'r swyddogion. Daeth carfan o'r *9th Lancers* i Ddinbych ar 23 Mai, dan arweiniad yr Uwch-gapten Gough a Lifftenant Colvin. Aethant gyda'r fintai i 223 o ffermydd o Lannefydd i Fochdre, a hynny'n ddigon digynnwrf. Nid dyma'r tro olaf y gwelwyd y milwyr yng nghefn gwlad Dyffryn Clwyd. Ym 1890 ofnai'r awdurdodau fod y protestio yn mynd dros ben llestri unwaith yn rhagor a galwyd y fyddin drachefn. Hwy sydd i'w gweld yn E, ac fe roes y papur newydd Seisnig y *Daily Graphic* ddigon o sylw i'r helynt i gyhoeddi cartŵn o'r digwyddiad: F

E   Golygfa ar Stryd Fawr, Dinbych ym 1890. Carfan o'r 10th Hussars yw'r milwyr.

F   Cartŵn 'Casglu'r Degwm yng Nghymru' o'r *Daily Graphic*, 29 Awst 1890.

DIWEDD Y RHYFEL

Erbyn 1890 cafwyd ateb i broblem y degwm — o safbwynt yr awdurdodau o leiaf. Bu amryw o bobl yn cynnig er 1886 y dylid newid y gyfraith fel y byddai'r baich o dalu'r degwm yn disgyn ar ysgwyddau'r meistr tir, ac nid y tenant. Yn wir, gwnaed ymgais i basio deddf i'r pwrpas yma ym 1887, ond cafodd ei hatal yn y Senedd. Nid oedd Thomas Gee a Rhyfelwyr y Degwm o blaid y cynllun; credent hwy y byddai'r landlordiaid yn codi rhenti'r tenantiaid i gyfateb i swm y degwm. Dymuniad y capelwyr oedd i'r degwm fynd yn syth i ofal y llywodraeth, nid i'r Eglwys o gwbl. Wedyn gellid defnyddio'r arian i wella addysg a rhai anghenion eraill.

Erbyn 1890 roedd y Senedd, fel llawer o bobl yng Nghymru, eisiau gweld diwedd ar y cyffro. Gwnaeth Esgob Llanelwy ymgais arall i newid y gyfraith trwy gyflwyno Deddf y Degwm gerbron Tŷ'r Arglwyddi: **FF**

FF   Cyflwynwyd mesur newydd yn Nhachwedd 1890. Gwrthwynebodd yr aelodau Cymreig ef bob cam gyda dicter amheus a gallu sicr. Ond rhoddwyd y mesur ar y **Llyfr Statud** ar 24 Mawrth 1891. O hyn allan y landlord ac nid y tenant dalai'r degwm. Felly y caeodd y llen ar ddrama a ddechreuodd fel trasiedi ac a ddarfu fel ffars. Roedd rhyfel yr 'egwyddor' drosodd, a disgynnodd y tymheredd uchel yng Nghymru mor sydyn ag a wna mewn gwaeledd difrifol ar ôl yr argyfwng …

(A. G. Edwards, *Memories*)

Yn y diwedd, ar 26 Mawrth 1891, llwyddwyd i basio Deddf y Degwm yn y Senedd: **G**

G Be it enacted by the Queen's most Excellent Majesty, by and with the advice and consent of the Lords Spiritual and Temporal, and Commons, in this present Parliament assembled, and by the authority of the same, as follows:
(1) Tithe rentcharge as defined by this Act issuing out of any lands shall be payable by the owner of the lands, notwithstanding any contract between him and the occupier of such lands, and any contract made between an occupier and owner of lands, after the passing of this Act, for the payment of the tithe rentcharge by the occupier shall be void.
(2) Where the occupier is liable under any contract made before the passing of this Act to pay the tithe rentcharge, then he shall cease to be bound by that part of his contract, but he shall be liable to pay the owner such sum as the owner has properly paid on account of the tithe rentcharge which such occupier is liable under his said contract to pay …

YMARFERION

1. Beth oedd pwrpas 'Y Cynghrair Tir Cymreig'? Ym mha ffyrdd yr oedd ei amcanion yn wahanol i rai 'Gorthrymedigion y Degwm', (tud. 20)?

2. Beth y mae 'Dadsefydlu'r Eglwys' yn ei olygu?

3. Llenwch y bylchau yn y brawddegau canlynol:
   a) Esgob Llanelwy ar ôl 1889 oedd ————— .
   b) Tenant Bryn Gwyn, Llannefydd, ym 1888 oedd ————————————— .
   c) Roedd y *9th Lancers* a ddaeth i Ddinbych ym Mai 1888 o dan arweiniad ————————— .
   ch) Dechreuodd helynt Bryn Gwyn wrth i Mr ——— ddod i wrthdrawiad â llanc o brotestiwr.
   d) Roedd T. E. Ellis a ——— wedi ceisio cynnig Deddf Dir i Gymru ym 1886.
   dd) Roedd Thomas Gee wedi cychwyn y ——— ym 1887 i frwydro dros ddadsefydlu'r Eglwys.
   e) Roedd ——— o esgobion yr Eglwys yn aelodau o Dŷ'r Arglwyddi.
   f) Roedd 'gwŷr argyfwng' y tîm casglu degwm yn aros yng ngwesty'r ——— yn Ninbych.
   ff) Cafodd Cymdeithas Amddiffyn yr Eglwys ei dechrau er mwyn ——— y degwm.
   g) Carfan o'r ——— oedd y milwyr a ddaeth i Ddinbych ym 1890.

4. Beth oedd y 'gwŷr argyfwng', a pham oeddynt yn ardal Dinbych ym 1888?

5. Wedi darllen dyfyniad $\boxed{\text{D}}$, ceisiwch egluro sut y mae gohebydd y *Denbighshire Free Press* yn ceisio dangos nad oedd yn ffafrio'r naill ochr na'r llall yn ffrwgwd Llannefydd.

6. Edrychwch ar gartŵn $\boxed{\text{F}}$ a cheisiwch ysgrifennu adroddiad i'r papur yn disgrifio'r golygfeydd a ddangosir yn y llun. Nid at helynt 1888 y mae'n cyfeirio, cofiwch, ond at ddigwyddiad arall ym 1890.

7. Beth a wnaeth Deddf y Degwm 1891 i newid y sefyllfa yng Nghymru? Beth oedd barn arweinyddion y protestiadau am y ddeddf?

8. Wedi darllen adroddiadau'r holl brotestiadau pwysig, lluniwch restr o'r pethau cyffelyb a'r pethau gwahanol ymhob protest:
   a) yn ymddygiad y protestwyr;
   b) yn ymddygiad eu harweinyddion;
   c) yn ymddygiad yr heddlu a'r swyddogion casglu degwm.

---

7. PWYSIGRWYDD Y RHYFEL

POBL A CHREFYDD

Mae'n anodd dychmygu heddiw y teimladau cryfion a gynhyrfid gan y ffraeo rhwng yr enwadau crefyddol yng Nghymru. Edrychwch o gwmpas eich dosbarth eich hun — tybed a wyddoch chi i ba gapel neu eglwys mae'r lleill yn eich dosbarth yn mynd? Ydyn nhw'n mynd i gapel neu eglwys o gwbl? Ddechrau'r ganrif hon byddai bron pawb yn y dosbarth yn gwybod yn bur dda ym mh'le roedd teuluoedd y lleill yn addoli. Y capel neu'r eglwys oedd un o'r sefydliadau pwysicaf ym mywydau'r rhan fwyaf ohonynt. Mewn ardaloedd gwledig, cyn bod neuadd neu ganolfan bentref, y capel a'i ysgoldy, neu neuadd yr eglwys oedd yr unig le i gynnal cyfarfodydd cyhoeddus, ar wahân i'r dafarn.

Deuai teuluoedd cyfan i'r capel droeon yn ystod yr wythnos. Byddai Cyfarfod Gweddi, Gobeithlu neu *Band of Hope*, Seiat i'r oedolion i drafod materion crefyddol, Cymdeithas Ddiwylliadol ar gyfer adloniant, Cymdeithas y Chwiorydd, Eisteddfod y Tai ac efallai gwmni drama i gadw aelodau'r capel yn brysur yn ychwanegol at ddwy oedfa ac ysgol ar y Sul! Yn aml iawn byddai plant yr eglwys a phlant y capeli yn mynd i ysgolion gwahanol, hyd yn oed yn yr un pentref. $\boxed{\text{A}}$ Lle nad oedd ond un ysgol, a honno'n ysgol eglwysig, byddai cwynion yn aml yn y ganrif ddiwethaf fod plant yn cael eu gorfodi i ddysgu am grefydd yn null yr Eglwys. Byddai'r drwgdeimlad rhwng capel ac eglwys weithiau'n troi'n baffio rhwng y plant. Ceir sôn yn *Brithgofion*, llyfr gan T. Gwynn Jones sy'n adrodd rhai o'i atgofion am ei blentyndod yn Betws-yn-Rhos, am ysgarmes fawr rhwng plant a âi i'r ysgol eglwysig a phlant y capeli a âi i ysgol wahanol.

Yr athro a'r plant o flaen yr Ysgol Eglwysig yn Llangwm.

DADSEFYDLU'R EGLWYS

Thomas Gee a staff Gwasg Gee, Dinbych. Yn ei ymyl, y mae ei fab Howel a thu ôl iddo, ar y chwith, mae T. Gwynn Jones.

Dywedai llawer o gefnogwyr yr Eglwys nad mater crefyddol o gwbl oedd helynt y degwm. Dyma a ddywedodd Esgob A. G. Edwards, Llanelwy, a ddaeth yn Archesgob Cymru yn ddiweddarach: [C]

[C]   Ysgogwyd y Rhyfel Degwm Cymreig nid gan dlodi ond gan wleidyddiaeth, ac ni welodd neb yn fwy na'r gweinidogion Anghydffurfiol eu hunain fod Rhyfel y Degwm yng Nghymru wedi gwanhau eu dylanwad ysbrydol a thaflu peth amheuaeth ar eu cymeriad fel **dinasyddion** deddfgadwol.

(A. G. Edwards, *Memories*)

Roedd Thomas Gee, y gŵr a fu'n hybu ymgyrch y ffermwyr o'r cychwyn, yn cydnabod bod Rhyfel y Degwm yn arwain tuag at ymgyrch i ddadsefydlu'r Eglwys. Yn wir, dywedodd Thomas Gee hyn yn ddigon eglur mewn llythyr at Mr Bridge, yr ymchwilydd i helynt Mochdre, ym 1887: [CH]

[CH]   Fod talu Degymau i'r Eglwys hon yn cael ei ystyried yn arwydd o goncwest — un yr ydym yn hollol benderfynol o'i fwrw ymaith gyda'r oedi lleiaf posib' … Fod y Dirprwywyr Eglwysig wedi sarhau a digio fy nghydwladwyr gymaint, trwy alw am gymorth y Fyddin a'r Heddlu i'w diogelu tra'n casglu'r taliadau degwm yn llawn, fel na ellir fyth anghofio'u hymddygiad; a bydd yn sicr o ysgogi'r genedl Gymreig i ddefnyddio pob dull cyfreithlon i brysuro dadsefydliad a **dadwaddoliad** Eglwys y mae ei harweinyddion heb ddangos unrhyw gydymdeimlad ymarferol â'r ffermwyr yn eu cyni.

(T. Gwynn Jones, *Cofiant Thomas Gee*)

Yr oedd dadsefydlu'r Eglwys am arwain, yng ngolwg rhai, at rywbeth arall, fel y gwelwch yn y dyfyniad canlynol o gofiant T. E. Ellis, aelod seneddol Meirion: [D]

[D]   Ystyriai gwestiwn y Dadgysylltiad [Dadsefydlu'r Eglwys] fel ymdrech cenedl fechan am ei rhyddid. Yr oedd y cwestiwn hwn wedi ymysgwyd o dan wraidd holl fywyd crefyddol a chymdeithasol y Dywysogaeth. Nid oedd pentref yn yr oll o Gymru nad oedd atgofion cywilyddus yr Eglwys yn pwyso arno. Yr oedd Cymru yn newynu am addysg, tra yr oedd Degwm y ffermwyr Anghydffurfiol yn cael ei roddi er addysgu'r dosbarth aristocrataidd yn Rhydychen …

(T. I. Ellis, *Thomas Edward Ellis — Cofiant — Cyfrol I*)

Nid oes lle i gredu fod pawb o brotestwyr y degwm yn credu, fel Thomas Gee a T. E. Ellis, mewn dadsefydlu llwyr na **hunanlywodraeth** i Gymru. Eto, roedd y derbyniad gwresog a gâi Thomas Gee ble bynnag y byddai'n mynd i areithio yn dangos bod yna lawer o gefnogaeth i'w syniadau. Fe welwch yn yr hysbyseb o'r

Faner ym 1888 fod arweinyddion y mudiad, fel John Parry, Plas Llanarmon, yn cael sylw mawr ledled Cymru. [DD]

MAI 30, 1888.

MR. JOHN PARRY Llanarmon, yn Sir Aberteifi.

DIAU y bydd yn dda gan filoedd ag sydd yn awyddus i weled a chlywed Mr. JOHN PARRY, Llanarmon, i wybod ei fod wedi addaw ymweled a'r lleoedd canlynol, fel y canlyn:—

Prydnawn dydd Llun, Mehefin 11eg—Aberystwyth.
Nos Fawrth. Meh. 12—Tan-y-groes, yn mhlwyf Penbryn.
Nos Fercher, Meh. 13—Hawen, yn mhlwyf Troed yr-aur.
Nos Iau, Me.14—Maengroes, yn mhlwyf Llanllwchaiarn.
Nos Wener, Meh. 15—Aberaeron.

Drwg ganddo nas gall hebgor ond y noseithiau uchod. Yr oedd amryw fanau eraill yn y sir hon (Aberteifi) wedi dymuno ei gael ar yr ymweliad hwn. Ond yr wyf yn deall nas gall roddi rhagor o amser yn awr. Ond daw etto os gall.
                                        Y TREFNWR.

[DD]   Hysbyseb a ymddangosodd yn *Baner ac Amserau Cymru*.

Roedd diddordeb mawr yn Rhyfel y Degwm trwy Gymru gyfan, er mai yng Nghlwyd y bu'r rhan fwyaf o'r cyffro. Dywed T. Gwynn Jones fod y sôn wedi ymestyn y tu allan i Gymru, gydag adroddiadau ym mhapurau newydd Ffrainc a'r Almaen, a'r rheini wedi eu dosbarthu cyn belled â Chairo. Ysgrifennodd J. E. Vincent am yr helynt yn rheolaidd yn *The Times*, gan wrthwynebu'r protestwyr.

Efallai mai'r darlun mwyaf byw y medrwn ei gael heddiw o'r cyffro a deimlai pobl Cymru yn ystod Rhyfel y Degwm yw hwnnw a geir yng ngwaith y Parchedig E. Tegla Davies. Yn ogystal â bod yn weinidog, daeth Tegla Davies yn enwog trwy Gymru am ei nofelau difyr — amryw ohonynt am blant neu ar gyfer plant, er enghraifft *Hunangofiant Tomi* a *Nedw*. Cred rhai mai ei nofel orau oedd *Gŵr Pen y Bryn*, a gyhoeddwyd ym 1923. Roedd Tegla Davies yn blentyn adeg Rhyfel y Degwm yn Llandegla, un o'r mannau lle bu helynt. Dyma ran o'r stori: [E]

[E]   Toc, gwelid cwmwl llwch yn codi tros fryncyn oddiar ffordd Coedarglodd, a chlywid sŵn tramp, tramp, tramp, yn dynesu, a rhywun yn gweiddi 'Halt', ac yna ddistawrwydd mawr. Gwelwai llawer wyneb, a chrynai llawer calon, ac eto nid oedd neb am ffoi … Pwy a ddaeth i'r golwg ond tua dau gant o chwarelwyr chwarel galch Craig y Mwyn, mor drefnus â byddin o filwyr, a phob un â rhaw, neu drosol, neu gaib, neu ordd, ar ei ysgwydd, fel gwn … ac ar wyneb pob un yr oedd rhyw olwg sy'n ymlid pawb a'i gwelodd, o'r dydd hwnnw hyd heddiw. Do, gwelwyd ar yr wynebau hynny, mewn modd na welir mohono ond unwaith neu ddwy mewn oes, beth yw ystyr enaid gwerin wedi deffro … Dechreuodd y sêl yn dawel … Casglai'r bobl at y tŷ yn finteioedd a minteioedd. Daeth yr heddgeidwaid a chylchynasant yr arwerthwr, a theimlai yntau'n ddiogel. O'r diwedd cyrhaeddodd y chwarelwyr. Agorodd y dyrfa iddynt fynd drwodd a daethant yn drefnus. Cyn i neb synhwyro'n briodol beth a ddigwyddodd, cylchynasant hwythau'r heddgeidwaid, gan gadw pellter gweddus rhyngddynt â hwy ...

Y peth cyntaf a arweiniwyd ymlaen i'w werthu oedd buwch, ac er bod gwefr yn y gynulleidfa, ni ddywedodd neb ddim, ac ni symudodd neb na bys na bawd yn erbyn ei gwerthu, a safai'r chwarelwyr bob un â'i bwys ar ei erfyn ... [Yn fuan wedyn dyma'r arwerthwr yn dweud rhywbeth cas am fachgen araf ei feddwl yn y dorf] ... Atebwyd ef yn ffyrnig gan un o'r chwarelwyr, gwthiwyd hwnnw'n ôl gan yr heddgeidwad, a thorrodd yr argae. Rhuthrodd y gatrawd chwarelwyr ymlaen â'r dyrfa yn ei sgîl, ac ysgubasant bopeth o'u blaenau fel dail gwyw o flaen corwynt ... Yr oedd yr heddgeidwad yn hollol ddiymadferth dan rym y rhyferthwy ofnadwy pan dorrodd. Ymladdai a gwaeddai pawb, rhai ar draed a rhai ar lawr, ac ymhlith y rhai ar lawr yr oedd William Jones y Graig, o dan y bwrdd yn crochlefain, ac yn erfyn am wybod a oedd rhywun wedi ei ladd heblaw ef ...

(E. Tegla Davies, *Gŵr Pen y Bryn*)

F Golygfa yn Iwerddon wrth i dyddynnwr gael ei droi allan o'i gartref.

Ym 1893–96 cafwyd Comisiwn Tir i holi am y trafferthion a gâi tenantiaid ffermydd wrth ddelio â'u landlordiaid. Datblygodd gwell perthynas rhyngddynt yn y blynyddoedd canlynol. Ym 1920 fe gafodd yr Eglwys ei dadsefydlu yng Nghymru; daeth yr Eglwys yng Nghymru yn annibynnol ar y llywodraeth ac A. G. Edwards a ddewiswyd i'w harwain. Bu'n Archesgob Cymru o 1920 hyd 1934.

ADLAIS O'R FRWYDR

Ar ôl 1890 y meistri tir oedd yn talu'r degwm, a gwnaent hynny'n ddigon dirwgnach, gan mai Eglwyswyr oedd y mwyafrif mawr ohonynt — a chodwyd rhenti'r ffermwyr i gael yr arian yn ôl. Ar ôl 1918 bu newid; bu'n rhaid i lawer o ystadau werthu ffermydd bychain i'w tenantiaid. Daeth y tenantiaid bellach yn feistri ar eu tir eu hunain. Dim ond mewn pryd y daeth Dadsefydlu'r Eglwys yng Nghymru — neu byddai ffermwyr o gapelwyr eto'n cael eu hunain yn talu degwm. Bu protestio mawr ymysg ffermwyr Lloegr, a newidwyd y gyfraith eto i ryddhau ffermwyr rhag talu cyfraniad gorfodol i'r Eglwys.

Roedd y drwgdeimlad rhwng capel ac eglwys yn fyw yn y tir am flynyddoedd wedi Rhyfel y Degwm. Nid yn hawdd y gellid anghofio'r holl derfysg a'r helynt a mynych yr adroddwyd yr hanes wrth genhedlaeth ar ôl cenhedlaeth.

YMARFERION

1. Ceisiwch wneud rhestr o'r clybiau neu gymdeithasau ar gyfer pobl ieuainc yn eich ardal chi. Sawl un sydd â rhyw gysylltiad ag eglwys neu gapel? Sawl un ohonoch sy'n mynd i glwb neu gymdeithas ieuenctid o unrhyw fath?

2. Yn nyfyniad CH (tud. 32) mae Thomas Gee yn ceisio esbonio'r trais a fu yn y protestiadau degwm. Ar bwy y mae'n rhoi'r bai am y trais yma? Ar ôl darllen yr holl ddyfyniadau am yr helyntion, a fedrwch chi gytuno â'r farn yma ai peidio?

3. Dewiswch yr ateb cywir o blith y tri dewis ymhob un o'r brawddegau hyn:
   a) Ysgrifennwyd y llyfr *Brithgofion* gan: Thomas Gee/T. Gwynn Jones/Alfred Edwards.
   b) Cwynai J. E. Vincent am y protestiadau degwm yn: *Y Faner/Denbighshire Free Press/ The Times.*
   c) Ysgrifennodd Tegla Davies am Ryfel y Degwm yn: *Gŵr Pen y Bryn/Cofiant Thomas Gee/Memories.*
   ch) Dadsefydlwyd yr Eglwys yng Nghymru ym: 1891/1920/1934.
   d) Llosgwyd delw o'r offeiriad plwyf yn: Llangwm/Llandegla/Llanferres.

4. Digwyddiadau dychmygol sydd yn *Gŵr Pen y Bryn,* wrth gwrs. A welsoch chi rai pethau sy'n debyg i'r hyn a ddarllenasoch am brotestiadau go iawn yn y dyfyniadau?

5. Sut berthynas oedd rhwng eglwys a chapel ar ôl Deddf y Degwm 1891? Fe welwch ddwy farn wahanol yn y dyfyniadau yn y bennod hon a'r un o'i blaen. Nodwch y ddwy.

6. Pa newidiadau a wnaed i statws yr Eglwys yng Nghymru ymhen blynyddoedd ar ôl Rhyfel y Degwm? Beth oedd rhan A. G. Edwards, Archesgob Cymru, yn y newid?

7. Gwnewch lyfr lloffion ar un o'r ddau destun canlynol:
   a) Bywyd bob-dydd a gwaith y capeli neu'r eglwysi yn eich ardal chi;
   b) Cwerylon ynglŷn â chrefydd, a arweiniodd at ryfel. Gellwch chwilota yn hanes unrhyw wlad am wybodaeth.

---

8. GEIRFA

Anghydffurfwyr/Anghydffurfiol — pobl sydd ddim yn gwneud yr un fath â'r mwyafrif o bobl eraill; yn y llyfryn yma capelwyr ydynt.

Arwerthiant Degwm — arwerthiant gorfodol ar eiddo ffermwr i gael arian i dalu'r degwm.

Atafaelu — dwyn eiddo ymaith er mwyn gorfodi'r perchennog i dalu dyledion arbennig.

Bargyfreithiwr — math arbennig o gyfreithiwr sy'n dadlau achos mewn llys barn uwch o flaen barnwr a rheithwyr.

Beiliaid — dynion a anfonid i afael yn eiddo rhywun er mwyn cael gwerth rhyw ddyled yn ôl; cyn arwerthiant degwm anfonid hwy i ofalu am eiddo oedd wedi ei nodi gan y prisiwr ar gyfer ei werthu rhag i'r ffermwr ei symud.

Brawdlys — llys lle clywir achosion o droseddau difrifol o flaen barnwr a rheithwyr.

Breintiau — hawliau sydd yn cael eu rhoi i rai ond nid i eraill.

Cabidwl — cyngor o bobl yn rheoli mynachlog, coleg eglwysig neu gadeirlan.

Caethwasiaeth — cadw person i weithio'n orfodol, yn eiddo personol fel anifail neu ddodrefnyn.

Cnydau Grawn — cnydau lle defnyddir y grawn (hadau) i wneud blawd (e.e. ceirch).

Cnydau Gwraidd — llysiau y mae eu gwreiddiau yn dda i'w bwyta (e.e. tatws, moron).

Cyffylog — aderyn â phig hir.

Cynhysgaeth — rhywbeth gwerthfawr y mae person ieuanc yn ei gael ar ôl ei rieni neu bobl hŷn.

Dadsefydlu — dileu statws swyddogol Eglwys Loegr.

Dadwaddoliad — cymryd oddi wrth yr Eglwys yr arian (gwaddol) a roddwyd iddi drwy'r oesoedd.

Diffynnydd — person yn ymddangos mewn llys ac wedi ei gyhuddo o drosedd.

Dinasyddion — y bobl sy'n byw mewn gwlad ac yn perthyn yn llawn iddi (fel arfer wedi eu geni yno).

Enwadau/Sectau — grwpiau crefyddol sy'n addoli mewn ffyrdd gwahanol i'w gilydd.

Etholiad seneddol — cyfle i oedolion ddewis eu haelod seneddol lleol trwy bleidleisio.

Giach — un o adar gwyllt yr ucheldir.

Gwarchae — byddin yn casglu o gwmpas caer neu gartref y gelyn, er mwyn ceisio gorfodi'r gelyn i ildio.

Helwriaeth — anifeiliaid neu adar gwylltion a fegir ar dir agored er mwyn eu hela.

Hunanlywodraeth — llywodraeth annibynnol i wlad arbennig.

Llyfr Statud — llyfr yn cadw cofnod o'r deddfau a basiwyd gan y Senedd.

Maenor — cymdogaeth o bobl yn byw yn agos at ei gilydd; pentref a thir cyfagos, oll yn eiddo i'r un meistr.

Mwynwyr — gweithwyr yn cloddio yn y ddaear am fwynau gwerthfawr (e.e. glowyr).

Pawl — polyn neu siafft rhwng y ddau geffyl sy'n tynnu cerbyd.

Potes — cawl o gig a llysiau.

Rheithwyr — 12 o bobl a ddewisir i wrando tystiolaeth mewn achos llys, ac i benderfynu a yw'r diffynnydd yn euog ai peidio.

Rhwymo i gadw'r heddwch — rhyddhau troseddwr a gafwyd yn euog ar y dealltwriaeth y caiff ei gosbi am y trosedd os daw yn ôl i'r llys ar gyhuddiad arall.

Rhyddfrydwr — plaid wleidyddol oedd yn ceisio rhoi mwy o hawliau i bobl gyffredin ac a fu'n gryf iawn yng Nghymru rhwng 1868 a 1922.

Sectau — gweler Enwadau.

Statws swyddogol — pwysigrwydd rhywbeth yn llygad y gyfraith, neu ei berthynas efo'r llywodraeth.

Taeogion — pobl oedd yn gorfod gweithio gydol eu bywydau ar dir eu meistr, ac yn derbyn ychydig o dir iddynt eu hunain yn dâl.

Tir comin — tir agored lle'r anfonai holl ffermwyr y pentref eu hanifeiliaid i bori.

Troi allan — gorfodi tenant i adael ei gartref.

Wyrcws — tloty; yno yr âi pobl i fyw os oeddynt yn rhy dlawd i gynnal eu hunain.

Y Ddeddf Derfysg — deddf i'w darllen yn uchel lle bo annhrefn ac ymladd mewn man cyhoeddus, i rybuddio'r dorf y bydd heddlu neu filwyr yn rhuthro arnynt oni ddaw'r cynnwrf i ben.

Y wasg — gair am beiriant argraffu, ond golyga hefyd y cwmnïau sy'n cyhoeddi papurau newydd.

Ysgrifennydd Cartref — y swyddog yn y llywodraeth sy'n gyfrifol am ddiogelu cyfraith (e.e. gwaith yr heddlu a'r carchardai).

Dymuna'r cyhoeddwyr gydnabod cyfarwyddyd a chymorth Adran Ddylunio'r Cyngor Llyfrau Cymraeg a noddir gan Gyngor Celfyddydau Cymru.

Cysodwyd gan PhotoGeneration, Caerdydd
Dyluniwyd ac argraffwyd gan Graham Harcourt (Argraffwyr) Cyf., Abertawe

British Library Cataloguing in Publication Data

Morris, Robert M.
    Rhyfel y degwm. – (Hanes)
    1. Tithes – Wales – History – 19th century
    2. Farmers - Wales – History – 19th century
    I. Title   II. Project Defnyddiau ac Adnoddau y Swyddfa Gymreig   III. Series
    336.22 HJ2287.G74

ISBN 0-7083-0935-6